Premiere Pro
初級テクニックブック【第2版】
Premiere Pro CC2017/CC2018

石坂アツシ＋笠原淳子 ［共著］
Atushi Ishizaka　Junko Kasahara

本書の作成には、AdobePremiere Pro CC（2017／2018）のWindows版およびMac版を使用しています。

○　Premiere Proほか、本書に記載されているすべての会社名、製品名、商品名などは、該当する会社の商標または登録商標
　　です。
○　本書に記載されている内容は、2017年12月現在の情報に基づいています。ソフトウェアの仕様やバージョン変更により、最
　　新の情報とは異なる場合もありますのでご了承ください。
○　本書の発行にあたっては正確な記述に努めましたが、著者・出版社のいずれも本書の内容に対して何らかの保証をするもの
　　ではなく、内容を適用した結果生じたこと、また適用できなかった結果についての一切の責任を負いません。

はじめに

　Adobe Premiere Proは、撮影した映像などを編集するソフトウェアです。Adobe 製品のクリエイティブクラウド化によって、高性能なソフトウェアがさらに手に入りやすくなりました。なかでもAdobe Premiere Proは実際に映画の編集に使用されているプロユースなものであり、個人でも非常にハイレベルなムービー作品をつくることが可能です。ただし、ソフトウェアが高性能であるために、ヘルプのメニューを調べても専門用語が多く難解な言い回しで表現されていることがあります。「この場面を白黒にしたい」、「BGMがだんだん大きくなる設定にしたい」、「映像の一部分だけムービーにしたい」というように、目的ははっきりしていても、調べるのが難しくなっているのです。

　そこで本書は、これから初めてAdobe Premiere Pro を使う方や、今まで使っていたけれどやり方がわからないことがある、といった方のために、目次と大見出しではなるべく専門用語を使用せず、わかりやすい言葉で表現しています。

　本書は、最初のページから目を通す必要はありません。まず目次からやりたい項目を探して、直接そのページをご覧ください。解説はなるべく簡潔にして、1つの項目は3～4ステップ程度で終わるようになっています。

　ソフトウェアを使う前に、すべてのことを勉強する必要はありません。まずは気軽にやってみたかった編集を楽しんでいただけたら、と願います。その時に本書が少しでもお役にたてたら幸いです。

2017年 12月
著者一同

CONTENTS

PART00　Premiere Proのパネルと用語　008

PART01　作業スペースを設定する

001　作業画面の構成を設定する……012
002　作業画面の明るさを設定する……015
003　モニターの表示を設定する……017
004　時間表示とフレーム数表示を切り替える……019
005　プロジェクトを作成する……021
006　プロジェクトを保存する……023
007　プロジェクトを自動的に保存する……026
008　前回保存したプロジェクトで続きを編集する……028

PART02　編集までの操作

009　シーケンスを作成する……030
010　素材ファイルを読み込む……033
011　テープからビデオを取り込む……039
012　静止画を指定した長さで取り込む……042
013　連番名のファイルを読み込む……044
014　PhotoshopやIllustratorのレイヤーを読み込む……046
015　読み込んだクリップを整理する……048
016　クリップを管理する……052
017　クリップにコメントをつける……058
018　リンクが切れたファイルを読み込み直す……059
019　Premiere Proの編集ファイルを読み込む……062
020　After Effectsの編集ファイルを読み込む……064

PART03　基本的な編集操作

021　クリップの時間を事前に設定する……066
022　クリップに最適なシーケンスをつくる……070
023　クリップを順番に並べる……072
024　クリップをトリミングする……078
025　クリップを移動する……080
026　並べたクリップを削除する……082
027　画面切り替え効果をつける……083
028　ビデオエフェクトを加える……087
029　トラックの表示を変える……090
030　トラックを追加する……093
031　トラックの表示／非表示を切り替える……097
032　トラックをロックする……099
033　トラック全体を選択する……100
034　プレビューする……102

PART04 便利な編集機能

- 035 複数のクリップを一度に配置する……104
- 036 クリップ同士の隙間を埋める……107
- 037 クリップを分割する……109
- 038 クリップの編集点を変える……111
- 039 クリップの中の使用する場所を変える……115
- 040 クリップが再生されるタイミングを変える……117
- 041 クリップの必要な部分だけ切り出す……119
- 042 複数のクリップを1つにまとめる……123
- 043 マーカーをつける……125
- 044 複数カメラで撮影したクリップを編集する……129

PART05 素材を変形させる

- 045 サイズを変える……134
- 046 位置を変える……138
- 047 回転させる……140
- 048 立体的に回転させる……143
- 049 上下・左右に反転する……145
- 050 トリミングする……147
- 051 歪ませる……151
- 052 動きを加える……153
- 053 曲線の動きにする……156
- 054 動きの速度を変化させる……158
- 055 再生速度を変える……160
- 056 逆再生する……164
- 057 再生速度を変化させる……165
- 058 一時停止させる……168

PART06 素材を加工する

- 059 あらかじめ設定されたエフェクトを使用する……170
- 060 あらかじめ設定された色セットを使用する……172
- 061 クリップの色を変える……175
- 062 白黒にする……180
- 063 色を反転させる……182
- 064 ぼかす……184
- 065 タイル状に並べる……186
- 066 ノイズを加える……187
- 067 レンズフレアを加える……189
- 068 ほかのクリップにも同じ効果や変形を加える……191
- 069 すべてのクリップに同じ効果をつける……193

PART07　素材を合成する

070　半透明で合成する……196
071　クリップの一部を合成する……200
072　表示方法で合成する……206
073　フェードイン／アウトさせる……208
074　特定の色部分に合成する……212
075　明暗部分に合成する……215
076　ほかの素材を使って合成する……218
077　背景のない素材で合成する……222
078　縮小合成する……225
079　縮小合成に飾りをつける……227

PART08　文字や図形を入れる

080　タイトルを作成する……230
081　タイトルをシーケンスに配置する……233
082　文字のスタイルを設定する……235
083　文字を変形させる……240
084　テンプレートを使用する……244
085　図形をつくる……247
086　エンドロールをつくる……249
087　単色の画面をつくる……254
088　グラデーションの画面をつくる……257
089　カラーバーをつくる……259
090　カウントダウンをつくる……262
091　映像と音を別々に扱う……264

PART09　サウンドを編集する

092　波形を見て編集に使う場所を探す……268
093　オーディオトラックに波形を表示する……270
094　ナレーションを録音する……271
095　音量を変更する……274
096　左右のバランスを変える……277
097　音の切り替わりをスムーズにする……280
098　音量を適切におさえる……282
099　サウンド効果を加える……286
100　再生しながらミックス具合を調整する……291
101　目的にあったエフェクトプリセットを適用する……294

PART10　完成作品を出力する

102　ムービーファイルで出力する……296
103　一部分だけ出力する……300
104　サウンドだけを出力する……304
105　フレームを静止画像で出力する……306
106　デバイスに応じたファイルで出力する……307
107　複数の出力を一度に処理する……310

Premiere Pro CCエフェクト一覧……316
索引……333

Premiere Pro
初級テクニックブック【第2版】

Premiere Proのパネルと用語

Premiere Proの各パネルや機能の名称とその役割について、簡単に解説します。Premiere Proは大きく分けて、プロジェクトパネル、タイムラインの2つのパネル、ソースモニター、プログラムモニターの2つの画面で構成されています。また、ファイル全体をプロジェクト、プロジェクトの中で複数作成できるムービー編集用の箱をシーケンスと呼びます。

▶▶01　プロジェクトとシーケンス

Premiere Proでは、編集しているファイル全体を「プロジェクト」と呼びます。編集は「シーケンス」というフレームサイズやタイムベースを設定した「箱」の中でおこないます。1つのプロジェクトファイルの中で、複数のシーケンスを作成して違う映像を同時に編集することができます(Premiere Pro CC2018バージョンからは、複数のプロジェクトファイルを同時に開くことができるようになりました)。

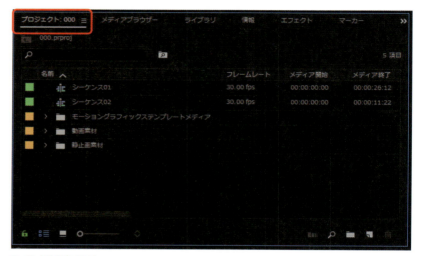

ファイル全体がプロジェクト

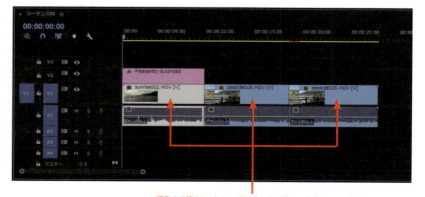

編集する箱をシーケンス、その中にある個々の素材をクリップと呼ぶ

▶▶02 パネルの構成

Premiere Proの操作画面は、2つの大きなパネルと2つのモニターで構成されています。

A プロジェクトパネル

ムービーの編集に使用する素材ファイルを扱うパネルです。映像ファイルや音声ファイルをはじめ、Premiere Pro上で作成したシーケンスや文字なども、このパネルに格納されます。編集に素材を使用する場合は、このパネルから、タイムラインパネルにドラッグします。

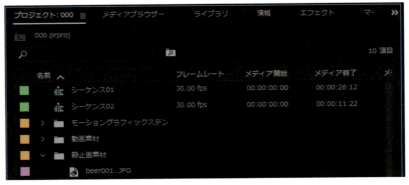

プロジェクトパネル

009

B ソースモニター

プロジェクトパネルに読み込んだ素材の再生と編集に使用するモニターです。主に編集前のクリップやオーディオの長さを整えるトリミング作業をおこないます。ソースモニターから直接タイムラインパネルへ追加することもできます。

ソースモニター

C タイムラインパネル

シーケンス内で複数のクリップをつなぎ合わせたり、合成するなど、実際に編集作業をおこなうパネルです。シーケンス内は「トラック」と呼ばれる階層状になっており、各トラックにクリップを配置して編集をおこないます。上のトラックほど前面に表示されます。パネルの右側は時間軸を表しており、再生ヘッドを動かして、その時点の画面を編集します。

タイムラインパネル

▫ プログラムモニター

タイムラインパネルでの編集に使用するモニターです。タイムラインパネルの再生ヘッドの時点の編集結果が表示されます。時間の経過で変化する映像の確認や、シーケンス全体のトリミングをおこないます。

プログラムモニター

▶▶03　プロパティの表示方法

ソースモニターにある「エフェクトコントロール」タブを選択すると、各クリップに適用されているエフェクトのプロパティ（属性）が表示されます。位置や角度といった基本的なプロパティは「モーション」と呼ばれ、このパネルで設定します。プロパティは項目の左側に表示されている三角形をクリックして展開させることができます。

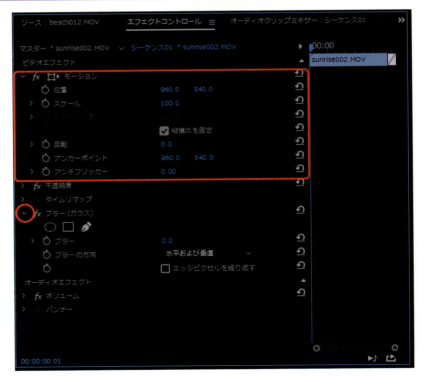

011

001 作業スペースを設定する

作業画面の構成を設定する

作業内容に合わせて、表示させるパネルのレイアウトを変更します。パネルのレイアウトのことを「ワークスペース」と呼び、通常使用するパネルのみを表示させる［編集］のほか、［アセンブリ］［エフェクト］［カラー］［メタデータ編集］［グラフィック］などのプリセットが用意されています。

▶▶方法1　ワークスペースを設定する
▶▶方法2　各パネルのサイズや位置を変更する

ワークスペース［カラー］を選択した例

▶▶方法1　ワークスペースを設定する

01　ワークスペースメニューを表示させる

ウィンドウメニューをクリックして、一番上に表示される［ワークスペース］にカーソルを合わせます。ワークスペースメニューが表示されます。

メニューバーからウィンドウを選択

ワークスペースメニュー

ワークスペースパネル

ウィンドウメニューでワークスペースパネルを表示して、ワークスペース名をクリックして設定することもできます。

02　ワークスペースを選択する

編集の内容に合わせてワークスペースを選択します。ここでは［編集］をクリックして適用しています。ワークスペースが適用されてパネルの構成が自動的に設定されます。

［編集］をクリック

パネルが設定される

03 ワークスペースをリセットする

［編集］を適用した後に表示パネルの変更や移動をおこなった場合、初期設定の［編集］の構成に戻すにはウィンドウのワークスペースメニューから［保存したレイアウトにリセット］を選択します。

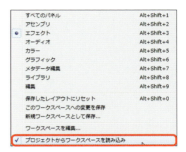

［保存したレイアウトにリセット］で［編集］の初期設定に戻る

---

04 最後に使用したワークスペースを読み込む

Premiere Proの初期設定では、現在のワークスペースを使用してプロジェクトを開きます。そのプロジェクトが最後に使用していたパネルのレイアウトでファイルを開くには、プロジェクトファイルを開く前に［プロジェクトからワークスペースを読み込み］をオンにしておきます。

▶▶方法2　各パネルのサイズや位置を変更する

01 境界線をドラッグする

個々のパネルのサイズ変更は、パネルフレームの境界線をドラッグしておこないます。パネルフレームの境界線にカーソルを合わせて、上下または左右にドラッグします。

境界線を右にドラッグする

パネルが横に広がった

02 パネルの上下左右位置を同時に変更する

パネルが3つ以上交差する点にカーソルを合わせて上下左右にドラッグしてサイズを変更します。

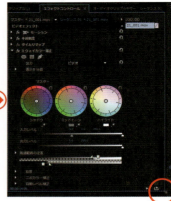

交差する点を右下にドラッグしてプロジェクトパネルを大きくする

パネルが大きくなった

03 パネルのドッキングを解除する

初期設定でドッキング、グループ化されているパネルを独立したパネルとして表示することもできます。解除したいパネルを選択して、パネルメニューの[パネルのドッキングを解除]をクリックします。パネルのドッキングが解除され、フローティングパネルになります。

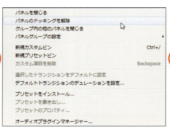

パネルメニューを開く

[パネルのドッキングを解除]を選択する

フローティングパネルとして独立する

04 パネルをドッキングする

フローティングパネルをドッキングさせるには、パネルの左上のタイトルバーをドラッグして、パネルとパネルの境界線に表示されるドロップゾーンに配置します。

左上のタイトルバーをドラッグする

ドッキングできる場所がドロップゾーンとして表示される

パネルがドッキングされた

002　作業スペースを設定する

作業画面の明るさを設定する

編集作業をおこなう画面全体の明るさを、環境設定のアピアランスで設定します。作業しやすい環境や、実際の再生環境などに合わせて輝度の設定を変更することができます。設定画面のスライダーをドラッグして明るく、または暗くします。

▶▶方法1　[アピアランス]を使う

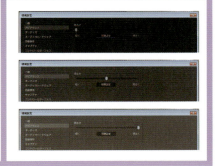

▶▶方法1　[アピアランス]を使う

01　環境設定ダイアログボックスを表示する

編集メニュー（Macでは[Premiere Pro]メニュー）で[環境設定]を選択して、[アピアランス]をクリックします。環境設定ダイアログボックスが表示されます。

編集メニュー→[環境設定]→[アピアランス]を選ぶ

環境設定ダイアログボックスが開く

02 明るさを設定する

[明るさ]のスライダーを左右にドラッグして輝度を設定します。初期設定では、一番暗い輝度に設定されています。

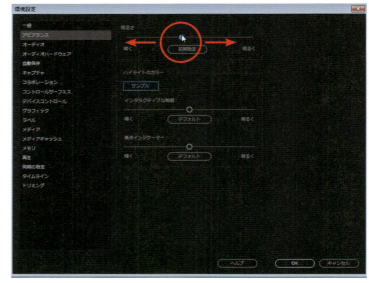

スライダーを左右にドラッグする

03 初期設定に戻す

設定した明るさを元の状態に戻すには、[明るさ]の[初期設定]ボタンをクリックします。

[初期設定]をクリック

その他の明るさ設定

アピアランスメニューには、画面全体の明るさのほかにハイライトのカラー設定があります。[インタラクティブな制御]でタイムコードやメニュー文字の明るさ、[焦点インジケーター]で選択されたパネルの色などの明るさを調整します。

003　作業スペースを設定する

モニターの表示を設定する

編集に使用するプログラムモニターの表示を設定します。どんな種類の再生機器でも確実に編集結果が表示されるようにガイドラインを表示させて編集をおこなうことができます。

▶▶方法1　セーフマージンを表示する

▶▶方法1　セーフマージンを表示する

01　ポップアップメニューから選択する

プログラムモニターの設定ポップアップメニュー をクリックして、[セーフマージン]を選択します。モニター上で右クリック（Macではcontrolキー+クリック）して表示することもできます。プログラムモニター上にセーフマージンが表示されます。

設定ポップアップメニューから[セーフマージン]を選択する

［セーフマージン］

設定ポップアップメニュー

A アクションセーフエリア：重要な画面が切られずに表示される範囲
B タイトルセーフエリア：タイトルテキストが切られずに表示される範囲

017

02 セーフマージンの表示／非表示を設定する

セーフマージンのサイズや4:3セーフマージン（16:9で作成したムービーを4:3で再生する場合のセーフエリア）の表示／非表示を設定する場合は、設定ポップアップメニューから［オーバーレイ設定］→［設定］を選択します。

オーバーレイ設定画面の［アクションおよびタイトルセーフエリア］で4:3セーフマージンの表示／非表示、タイトル、アクションそれぞれのセーフエリアのサイズを％で設定します。

［オーバーレイ設定］→［設定］を選択する

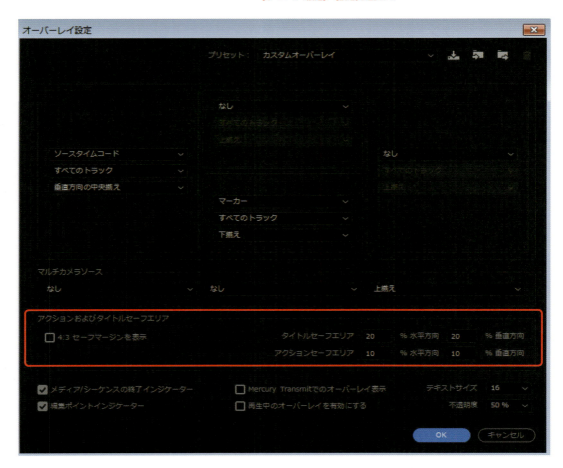

004 作業スペースを設定する

時間表示とフレーム数表示を切り替える

タイムラインに表示する時間の単位を、時間表示のタイムコード、またはフレーム数に切り替えます。フレーム数の場合は開始フレームを0または1から選択することができます。フィルムへ出力する場合はフィート+フレームを使用します。

▶▶方法1　［シーケンス設定］で表示を切り替える

▶▶方法2　Ctrlキー（Macでは⌘キー）を押しながらクリック

タイムコード表示

フレーム数表示

▶▶方法1　［シーケンス設定］で表示を切り替える

01　［シーケンス設定］を開く

シーケンスメニューの［シーケンス設定］を選択します。シーケンス設定ダイアログボックスが表示されます。ビデオの表示形式を［タイムコード］［フィート+フレーム（16mm）］［フィート+フレーム（35mm）］［フレーム］から選択します。

［シーケンス設定］を選択する

シーケンス設定ダイアログボックス

019

02 タイムコードを選択する場合

ビデオの表示形式で[30fpsタイムコード]に設定します。タイムラインの時間表示が[タイムコード]形式になります。(fps)の数値はタイムベースで設定した数値が自動的に表示されます。

[30fpsタイムコード]に設定

タイムラインの時間表示が[タイムコード]形式になる

03 フレームを選択する場合

ビデオの表示形式で[フレーム]に設定します。タイムラインの時間表示が[フレーム]になります。フィルムに出力する場合は、[フィート+フレームを使用]をオンにして[16mm][35mm]からフィルムの規格を選択します。

[フレーム]に設定

タイムラインの時間表示が[フレーム]になる

▶▶方法2 Ctrlキー（Macでは⌘キー）を押しながらクリック

キーボードのCtrlキー（Macでは⌘キー）を押しながら、タイムラインパネル（またはプログラムモニター）の時間表示をクリックします。タイムコードとフレームが切り替わります。

005　作業スペースを設定する

プロジェクトを作成する

プロジェクトとは一本の作品の編集に関するデータをすべてまとめるファイルと考えてください。編集に使用する素材や複数の編集データをまとめる役割を持っています。Premiere Proを起動したら、まずはじめにプロジェクトの作成をおこないます。

▶▶方法1　[新規プロジェクト]を設定する

▶▶方法1　[新規プロジェクト]を設定する

01　新規プロジェクトを選択する

Premiere Proを起動するとスタートアップスクリーンが表示されます。[作業]と[学ぶ]のメニューから[作業]をクリックして選択します。ここで最近作業したプロジェクトを開いたり新規のプロジェクトを作成します。新規にプロジェクトを作成する場合は左側にある[新規プロジェクト]をクリックします。

スタートアップスクリーンで[新規プロジェクト]を選ぶ

02　プロジェクトの名前と保存先を設定する

プロジェクト設定ダイアログボックスが表示されるので、プロジェクトの名称を入力して保存場所を指定します。この保存場所は重要で、初期設定ではキャプチャしたビデオデータやプレビューするためのレンダリングデータも同じ場所に保存されます。ですので空き容量に余裕のあるディスクに保存場所を指定します。

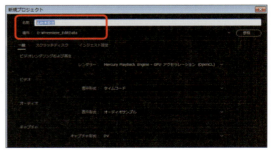

新規プロジェクトの名称と保存場所を設定する

03 初期設定を選択する

これから編集をおこなう際のビデオやオーディオの表示形式やレンダリングに使用するビデオボードなどのハードやソフトを選択します。これらの設定は編集の途中で変更することができます。

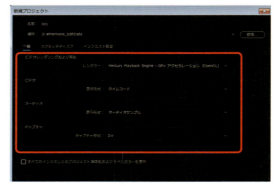

レンダラーや表示形式などの初期設定を選択する

04 スクラッチディスクを確認する

[スクラッチディスク]タブをクリックして表示を切り替えます。ここで、キャプチャしたビデオの保存先やプレビューのためにレンダリングしたデータを保存する場所が指定できます。初期設定ではプロジェクトファイルの保存先と同じ場所が設定されています。プロジェクトファイルとレンダリングしたデータなどは同じ場所にあった方が管理しやすいので、なるべく初期設定のままにしておいた方が良いでしょう。指定と確認が終わったら[OK]をクリックします。

[スクラッチディスク]タブでキャプチャやレンダリングなどのファイルの保存場所を確認する

MEMO
「インジェスト設定」をオンにする
CC2017以降のバージョンでは、新規プロジェクト画面の「インジェスト設定」をオンにすると、編集に使用しているムービーファイルなどのクリップをプロジェクトファイルと同じフォルダなどへコピーして、ファイルの移動時によるリンク切れを防ぐことができます。

MEMO
編集途中で新規プロジェクトを作成する
1つの作品が完成してその状態から次のプロジェクトを作成する場合は、ファイルメニューの[新規]で[プロジェクト]を選びます。プロジェクト設定ダイアログボックスが表示されるので、後はここで説明した通りの操作でプロジェクトの設定をおこないます。

MEMO
プロジェクトの設定を変更する
編集途中でプロジェクトの設定を変更する場合は、ファイルメニューの[プロジェクト設定]で[一般]あるいは[スクラッチディスク]を選びます。プロジェクト設定ダイアログボックスの[一般]もしくは[スクラッチディスク]のタブが開くので、ここで設定を変更します。

006 作業スペースを設定する

プロジェクトを保存する

編集中のプロジェクトファイルは新規にプロジェクトを作成するときに指定した場所に保存されます。別名で保存、またはコピーを保存する場合は、保存先を新たに指定します。プロジェクトに読み込んだファイルは、場所を移動するとリンクが切れてしまうので、あらかじめフォルダを作って収納しておくと安心です。

▶▶方法1　プロジェクトを保存する
▶▶方法2　別名で保存する
▶▶方法3　コピーを保存する

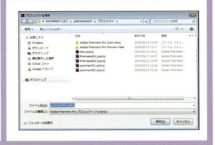

▶▶方法1　プロジェクトを保存する

ファイルメニューをクリックして[保存]を選択します。新規プロジェクトを作成した時に指定した場所へ自動的に保存されます。

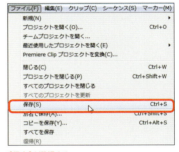

[保存]を選択する

▶▶方法2　別名で保存する

01　ファイルメニューから[別名で保存]を選択する

ファイルメニューをクリックして、[別名で保存]を選択します。

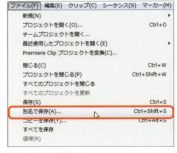

[別名で保存]を選択する

02 保存先を指定する

[プロジェクトを保存]ダイアログボックスが表示されるので、保存先を選択します。ファイル名を変更して、ファイルの種類を[Adobe Premiere Proプロジェクト]に設定して[保存]をクリックします。

保存先を指定する

ファイル名を変更する

03 別名のファイルが開く

現在編集中のプロジェクトは閉じられて、新たに別名で保存したプロジェクトファイルが開いた状態になります。

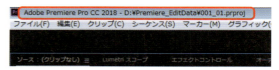
新たに別名で保存したプロジェクトファイルが開く

▶▶方法3 コピーを保存する

01 ファイルメニューから[コピーを保存]を選択する

ファイルメニューをクリックして、[コピーを保存]を選択します。

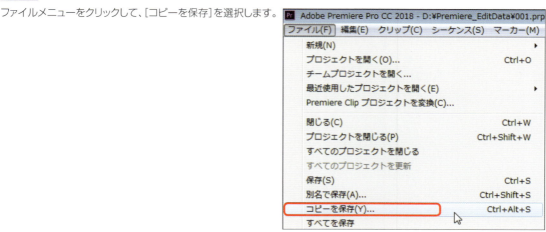
[コピーを保存]を選択

02 保存先を指定する

［プロジェクトを保存］ダイアログボックスが表示されるので、保存先を選択します。ファイル名は初期設定で［コピー.prproj］になっているので、必要に応じて変更します。ファイルの種類を［Adobe Premiere Proプロジェクト］に設定して［保存］をクリックします。

保存先を指定する

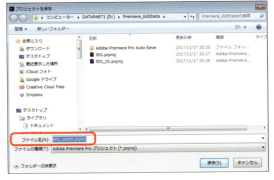
名前を変更して保存する

03 元のファイルに戻る

コピーのプロジェクトを保存すると、元のプロジェクトファイルが開いた状態に戻ります。

元のファイルで作業を続行する

007　作業スペースを設定する

プロジェクトを自動的に保存する

Premiere Proには、指定した経過時間ごとにプロジェクトを自動保存する機能があります。自動保存のプロジェクトは別名で保存され、時間ごとに複数保存することもできます。たとえば、保存の間隔を20分、最大保存ファイル数を5個に設定すると、20分経過するたびにプロジェクトファイルが自動的に保存され、最大5個のファイルが作成されます。6回目に保存されたファイルは、一番時間が古いファイルを上書きして保存されます。

▶▶方法1　[自動保存]を設定する

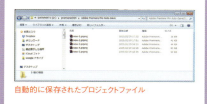

自動的に保存されたプロジェクトファイル

▶▶方法1　[自動保存]を設定する

01　環境設定を表示する

編集メニュー（MacではPremiere Proメニュー）の[環境設定]をクリックして[自動保存]を選択します。環境設定ダイアログボックスが表示されます。

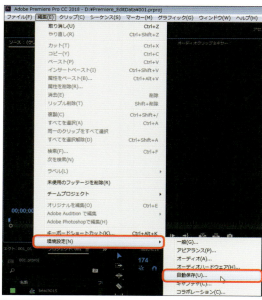

[自動保存]を選択

02 自動保存のタイミングと最大ファイル数を設定する

[プロジェクトを自動保存]をオンにして、[自動保存の間隔]には自動保存するタイミングとなる時間、[プロジェクトバージョンの最大数]には保存するファイルの数を入力します。初期設定では保存の間隔は20分、プロジェクトバージョンの最大数は5に設定されています。[バックアッププロジェクトをCreative Cloudに保存]をオンにすると、Creative Cloud Filesフォルダ内に自動保存されます(Creative Cloudの同期設定が必要です)。

自動保存の設定

03 自動保存されたファイルを確認する

自動保存されたファイルを確認します。[プロジェクトを自動保存]をオンにすると、プロジェクトファイルを保存したフォルダ内に[Adobe Premiere Pro Auto-Save]というフォルダが自動的に作成され、その中にプロジェクトファイルが設定された最大数まで自動保存されます。

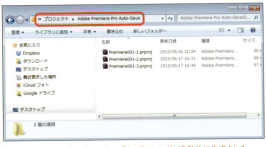

[Adobe Premiere Pro Auto-Save]というフォルダが自動的に作成される

008 作業スペースを設定する

前回保存したプロジェクトで続きを編集する

前回編集を保存したプロジェクトを開いて、続きを編集します。[プロジェクトを開く]でファイルを選択するか、[最近使用したプロジェクトを開く]で最近使用したプロジェクトファイルを指定することができます。最近のプロジェクトは、最大10個まで表示されます。

- ▶▶方法1　[プロジェクトを開く]を使う
- ▶▶方法2　[最近のプロジェクトを開く]を使う

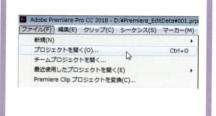

▶▶方法1　[プロジェクトを開く]を使う

01　[プロジェクトを開く]を選択

ファイルメニューから[プロジェクトを開く]を選択します。

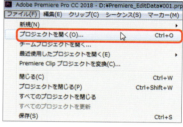

[プロジェクトを開く]を選択する

02　プロジェクトを選択する

[プロジェクトを開く]ダイアログボックスが表示されるので、続きを編集するプロジェクトファイルを選択して、[開く]ボタンをクリックします。

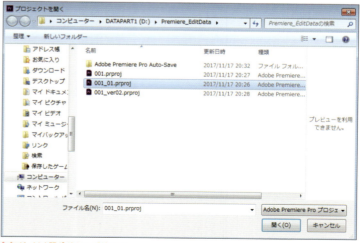

[プロジェクトを開く]ダイアログボックス

▶▶方法2　[最近使用したプロジェクトを開く]を使う

ファイルメニューから[最近使用したプロジェクトを開く]を選択すると、最近使用したプロジェクトファイルが表示されます。編集の続きをおこなうプロジェクトを選択すると、ダイアログボックスを使わず素早くプロジェクトファイルを開くことができます。

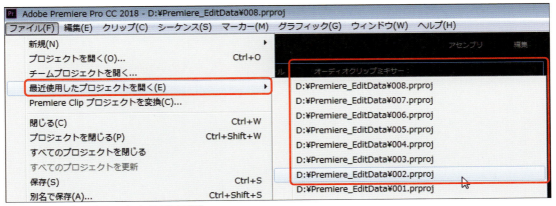

ファイルメニューから[最近使用したプロジェクトを開く]を選択

009 編集までの操作

シーケンスを作成する

シーケンスとは具体的な編集作業をおこなう箱のことで、1つのプロジェクトの中で複数のシーケンスを作成することもできます。たとえば作品のオープニング、本編、エンディング、といったパート別にシーケンスを作成し、それらを新規シーケンスで1つにつないで作品を構成することができます。

▶▶方法1　[シーケンス]を作成する

▶▶方法1　[シーケンス]を作成する

01　プロジェクトパネルの[新規項目]で[シーケンス]を選ぶ

プロジェクトパネル右下にある[新規項目]をクリックして、[シーケンス]を選びます。

[新規項目]をクリックして[シーケンス]を選ぶ

02　ビデオフォーマットのプリセットを選ぶ

新規シーケンスダイアログボックスが表示されるので、ビデオフォーマットのプリセットから今回の編集の基本となるビデオフォーマットを選びます。これは撮影したビデオのフォーマットに合わせるのが通常で、ここでは「AVCHD 1080p30」を選びました。選択したプリセットの内容は右側の説明枠に表示されます。

プリセットから編集の基本となるビデオフォーマットを選ぶ

03　ビデオフォーマットの設定をカスタマイズする

ビデオフォーマットの設定をカスタマイズする場合は[設定]タブをクリックして選んだプリセットの設定を表示し、ここでビデオやオーディオなどの設定を変更します。カスタマイズした設定はオリジナルのプリセットとして保存することもできます。

[設定]タブでビデオフォーマットの設定をカスタマイズできる

04　トラックの設定をカスタマイズする

[トラック]タブをクリックするとシーケンスのタイムラインの初期設定が表示され、ここでトラックの設定を変更することができます。具体的にはビデオとオーディオトラックのトラック数やオーディオトラックの種類などをカスタマイズします。

ビデオとオーディオのトラック数やオーディオトラックの種類をカスタマイズする

05　VRビデオの設定をする

VRの投影法やレイアウトは[VRビデオ]タブで設定します。

06 新規シーケンスが作成される

シーケンスの設定が終わって[OK]をクリックするとプロジェクトパネルに新規シーケンスが作成され、タイムラインパネルにシーケンスのタイムラインが表示されます。

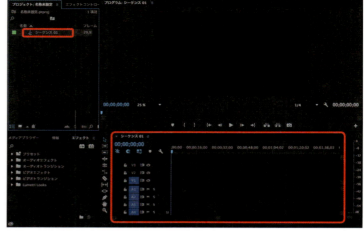

新規シーケンスが作成され、新規タイムラインが表示される

> **MEMO**
> **クリップに最適なシーケンスを作成する**
> 読み込んだクリップに最適な新規シーケンスを作成する場合は、クリップを右クリック（Macではcontrolキー＋クリック）してメニューの[クリップに最適な新規シーケンス]を選ぶか、空のタイムラインにクリップをドラッグします。そうするとクリップ名と同じ名称の新規シーケンスが作成されます。

> **MEMO**
> **シーケンスの自動変更**
> 作成したシーケンスと配置するムービーの設定が一致しない場合、設定不一致のアラートが表示されます。Premiere Proは複数の設定のクリップを組み合わせることができるので現在の設定のまま編集を進めてもかまいませんが、ムービーの設定に準じる場合は[シーケンス設定を変更]を選んでシーケンスの設定を変更します。

010 編集までの操作

素材ファイルを読み込む

編集に使用する素材ファイルをプロジェクトパネルに読み込むための方法は複数あります。いずれの方法でもできることは同じなので、操作のしやすい方法を選んでください。

- ▶▶方法1 　メディアブラウザーから読み込む
- ▶▶方法2 　［読み込み］コマンドで読み込む
- ▶▶方法3 　ドラッグして読み込む
- ▶▶方法4 　低解像度のファイルをつくる

▶▶方法1　メディアブラウザーから読み込む

01　メディアブラウザーを選ぶ

メディアブラウザーはローカルドライブとその内容を表示するパネルです。ここで編集に使用するファイルを探してプロジェクトパネルに読み込むことができます。

メディアブラウザーでファイルを探すことができる

02　サムネールで映像内容を確認する

パネル下の［サムネールビュー］を選ぶとムービーや静止画像ファイルがサムネール表示されます。ムービーファイルの場合、サムネール上でポインタを左右に動かすか、選択してスライダをドラッグすると映像内容が確認できます。またパネル下のスライダでサムネイルの大きさを変更することができます。

ファイルをサムネールで表示する

033

03 ファイルをドラッグして読み込む

メディアブラウザーからファイルを読み込む方法は2種類あります。まず最初の方法はファイルをプロジェクトパネルにドラッグする方法です。ファイルだけでなくフォルダごとドラッグすることもできます。

ファイルやフォルダをプロジェクトパネルにドラッグして読み込む

04 ファイルを右クリックで読み込む

ファイルやフォルダを右クリック（Macではcontrolキー＋クリック）して［読み込み］を選んでプロジェクトパネルに読み込みます。

ファイルやフォルダを右クリックして［読み込み］を選ぶ

05 表示するファイルを絞り込む

メディアブラウザーでは、表示ファイルの種類を絞り込んだり、ファイル名で検索することができます。これらの機能を使って使用するファイルを素早く探し出すことができます。

ファイル名で検索することができる

指定した種類のファイルだけを表示することができる

06 読み込んだファイルがプロジェクトパネルに格納される

読み込まれたファイルはプロジェクトパネルに格納されます。これらのファイルはメディアブラウザーと同様にリストもしくはサムネールで表示することができます。

読み込んだファイルはプロジェクトパネルに格納される

> **MEMO**
> メディアブラウザーを拡大表示する
> ファイルを探す際により多くのファイルを表示させたい場合はメディアブラウザーを広げると便利です。すべてのパネルはパネル名部分をダブルクリックするとウィンドウいっぱいに広がって表示されます。元のレイアウトに戻す時はパネル名を再びダブルクリックします。

▶▶方法2　［読み込み］コマンドで読み込む

01 ファイルメニューから［読み込み］を選ぶ

ファイルメニューから［読み込み］を選び、読み込みダイアログボックスで編集に使用するフォルダやファイルを選びます。

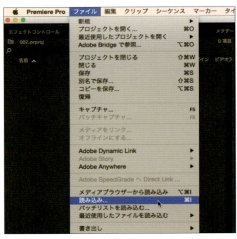

ファイルメニューから［読み込み］を選ぶ

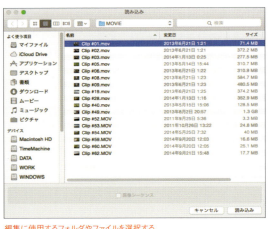

編集に使用するフォルダやファイルを選択する

02 プロジェクトパネルをダブルクリックする

プロジェクトパネルの空欄部分をダブルクリックすると、読み込みダイアログボックスが直接開きます。その後の操作はファイルメニューで[読み込み]を選ぶのと同じです。

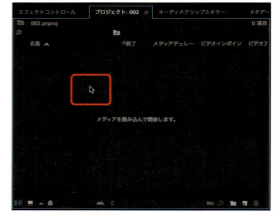

プロジェクトパネルの空欄部分をダブルクリックして読み込みダイアログボックスを開く

▶▶方法3 ドラッグして読み込む

ファイルやフォルダを直接プロジェクトパネルにドラッグして読み込むことができます。複数のフォルダからファイルを選んで読み込む場合などはこの方法が便利です。

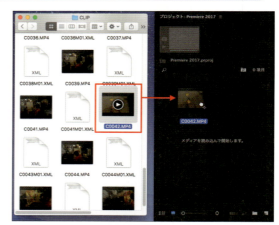

ドラッグしてファイルやフォルダを読み込む

> **MEMO**
> **メモリメディアからの読み込み**
> 撮影したムービーや画像ファイルをSDカードなどのメモリメディアから直接ファイルを読み込むことができますが、メディアを外すとその後の編集で素材が見つからなくなります。ですのでメモリメディアの素材を編集に使用する場合は一度ローカルのストレージにコピーし、そのファイルを読み込むことをお勧めします。

▶▶方法4　低解像度のファイルをつくる

ファイルの読み込みの際に、オリジナルをコピーしたり高解像度のファイルから作業用の低解像度ファイルを作成することができます。

01　インジェストを設定する

メディアブラウザーの上にある[インジェスト]チェックボックスでファイルごとにインジェストをオン／オフし、読み込みと同時に自動でファイル操作をすることができます。インジェストの設定は、チェックボックスの右にあるレンチマークの[インジェスト]をクリックして、プロジェクト設定の[インジェスト設定]タブを開きます。

メディアブラウザーの[インジェスト]チェックボックス

プロジェクト設定の[インジェスト設定]タブが開く

02　インジェストの内容を選択する

[インジェスト]をチェックして、メニューの4つの方法から、ファイル読み込み時の自動操作を指定します。

・コピー … ファイルを指定した場所にコピーします。
・トランスコード … 指定した形式でファイルをレンダリングします。
・プロキシ作成 … 低解像度のファイルを作成します。
・プロキシをコピーして作成 … ファイルをコピーしてさらにプロキシを作成します。

インジェストの内容を選択する

03 低解像度ファイルを作成する

4Kや8Kなどの高解像度で大容量のファイルを編集で扱う場合は、低解像度ファイルを作成して編集し、最終出力時にオリジナルファイルで書き出すことができます。この低解像度ファイルを[プロキシ]を呼び、インジェスト設定で[プロキシ作成]か[プロキシをコピーして作成]を選ぶと、読み込みと同時にプロキシが自動作成されます。プロキシが作成／保存される場所は初期設定ではプロジェクトファイルと同じ場所です。[プロジェクト設定／インジェスト設定]で場所の変更や低解像度の設定を変更することもできます。

プロキシの設定をする

04 低解像度ファイルを有効化する

プロキシを使用するには、[環境設定]の[メディア]を開いて、[プロキシを有効化]にチェックを入れます。

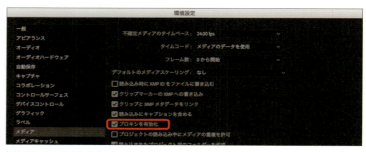

環境設定でプロキシを有効化する

05 低解像度ファイルを操作する

編集時にオリジナルとプロキシを切り替えることもできます。プログラムモニターの右下にある[ボタンエディター]をクリックしてボタンエディターを開き、そこにある[プロキシの切り替え]をドラッグしてボタンエリアに加えます。このボタンを使っていつでもオリジナルとプロキシを切り替えることができます。

プログラムモニターのボタンでオリジナルとプロキシを切り替える

> **MEMO**
> プロジェクトパネルから低解像度ファイルを作成する
> プロジェクトパネルにあるクリップを右クリックし、メニューの[プロキシ]から[プロキシを作成]を選ぶと、読み込んだ後でもプロキシを作成することができます。

011　編集までの操作

テープからビデオを取り込む

現在はメモリメディアでの撮影が主流ですがテープに撮影した映像を編集に使用する場合もあります。その場合はビデオキャプチャデバイスを経由してPremiere Proに映像を取り込みます。

▶▶手順1　[デバイスコントロール]を設定する
▶▶手順2　保存先を指定する
▶▶手順3　テープからビデオを取り込む

▶▶手順1　[デバイスコントロール]を設定する

01　[デバイスコントロール]を表示する

テープからビデオを取り込むためのデバイスを設定します。キャプチャデバイスは大きく分けてRCA端子を使用するアナログビデオ、FireWire端子を使用するDV/HDVビデオ、HDMIやSDI端子を使用するHDビデオ、の3種類があり、それぞれのデバイスに応じた設定をします。操作はまず編集メニュー（MacではPremiere Proメニュー）の[環境設定]から[デバイスコントロール]を選びます。

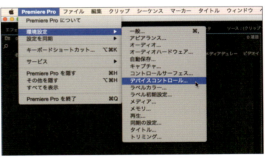

[環境設定]から[デバイスコントロール]を選ぶ

02　デバイスコントロールを設定する

[環境設定]ダイアログボックスの[デバイスコントロール]でPCに装備されたビデオキャプチャデバイスの設定をします。ここではFireWire端子のDV/HDVキャプチャデバイスが装備されており、正常に機能しているので[デバイス]の項目に[DV/HDVデバイスコントロール]と表示されています。その右にある[オプション]をクリックして細かいコントロール設定をします。

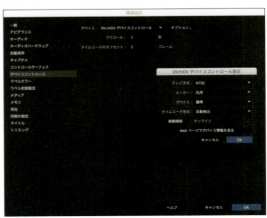

PCに装備したキャプチャデバイスのコントロール設定をする

▶▶手順2　保存先を指定する

01　[プロジェクト設定]を表示する

キャプチャしたファイルの保存先を確認あるいは変更するために[プロジェクト設定]ダイアログボックスを開きます。操作はまずファイルメニューの[プロジェクト設定]から[スクラッチディスク]を選びます。

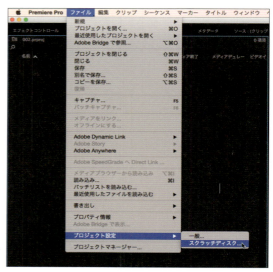

ファイルメニューの[プロジェクト設定]から[スクラッチディスク]を選ぶ

02　キャプチャしたクリップの保存先を指定する

[プロジェクト設定]ダイアログボックスの[スクラッチディスク]タブでキャプチャしたビデオとオーディオクリップの保存先を指定します。この設定は新規プロジェクトを作成する際に設定するものですが、ここで再度確認あるいは変更することができます。初期設定ではキャプチャしたクリップはプロジェクトファイルと同じ場所に保存されます。これを変更する場合はプルダウンメニューと[参照]で保存先を指定します。

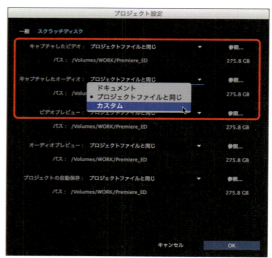

キャプチャしたクリップの保存先を指定する

▶▶手順3　テープからビデオを取り込む

01 キャプチャウインドウを表示する

ファイルメニューの[キャプチャ]を選んでキャプチャウインドウを表示させます。ここでデバイスをコントロールしながら、録画ボタンでキャプチャするかイン・アウト点のフレームを指定してキャプチャします。おおまかな部分をキャプチャする場合は再生しながら[録画]ボタンをクリックするだけでキャプチャが開始されます。

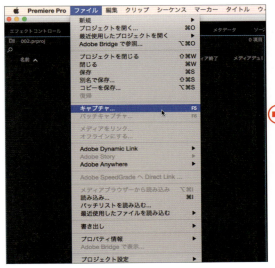

ファイルメニューで[キャプチャ]を選ぶ

キャプチャウインドウでデバイスをコントロールしながらキャプチャする

02 キャプチャしたクリップの名称をつける

再び[録画]ボタンをクリックするか[停止]ボタンをクリックするとキャプチャが終了し、クリップの保存ダイアログボックスが表示されます。ここでクリップの名前や説明を記述して[OK]をクリックすればキャプチャが終了します。ほかの場所をキャプチャする場合は同様の操作を繰り返します。

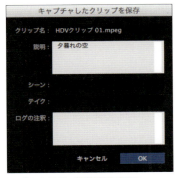

キャプチャしたクリップの情報を作成する

MEMO
キャプチャウインドウからの設定変更
キャプチャウインドウの[設定]タブを開くと、ここでもキャプチャファイルの保存先やデバイスコントロールを変更することができます。

012　編集までの操作

静止画を指定した長さで取り込む

静止画像を読み込む際、あらかじめ時間の長さを設定することができます。たとえば写真を10秒ずつ表示するスライドショーを作成する場合、写真を読み込む際に10秒に設定していれば、あとはタイムラインに配置するだけでスライドショーが完成するわけです。

▶▶方法1　［静止画像のデフォルトデュレーション］を使う

▶▶方法1　［静止画像のデフォルトデュレーション］を使う

01　静止画の長さを設定する

静止画像の長さの設定は［環境設定］でおこないます。まず編集メニュー（MacではPremiere Pro CCメニュー）の［環境設定］から［タイムライン］を選んで［環境設定］ダイアログボックスを開きます。

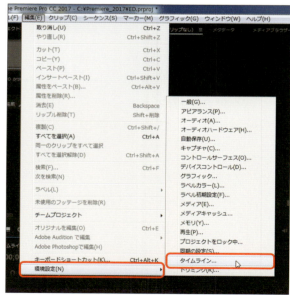

［環境設定］の［タイムライン］を選ぶ

次に[静止画像のデフォルトデュレーション]に長さを入力します。長さの単位はプルダウンメニューでフレームか秒かを選択できます。長さを設定したら[OK]をクリックしてダイアログボックスを閉じます。ここでは10秒で取り込む設定にしました。

[静止画像のデフォルトデュレーション]で静止画像の長さを設定する

02 指定した長さで読み込まれる

複数の静止画像を読み込み、プロジェクトパネルのメタデータを見るとすべての静止画像が指定した長さになっていることがわかります。また、選択したクリップのプレビューエリアの情報にも指定した長さが表示されています。

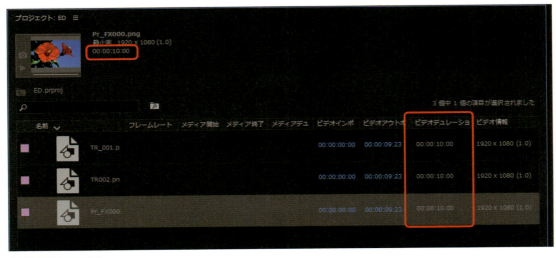

指定した長さで読み込まれる

013　編集までの操作

連番名のファイルを読み込む

3DCGソフトからの映像受け渡しの際には、静止画像の連番ファイルが使われることがあります。連番ファイルとはファイル名の最後に連続した番号がふられているファイルで、静止画像を番号順に再生すると映像になります。Premiere Proでは静止画像の連番ファイルを映像クリップとして読み込むことができます。

▶▶方法1　[画像シーケンス]を使う

▶▶方法1　[画像シーケンス]を使う

01　映像クリップに変換する際のフレームレートを設定する

静止画像の連番ファイルを映像クリップとして読み込むわけですが、読み込む前に映像クリップのフレームレートを設定しておく必要があります。通常はプロジェクトのフレームレートと同じにします。設定方法はまず編集メニュー（MacではPremiere Pro CCメニュー）の[環境設定]から[メディア]を選んで[環境設定]ダイアログボックスを開きます。次に[不確定メディアのタイムベース]のプルダウンメニューでフレームレートを設定して[OK]をクリックします。これで読み込みの準備が完了です。

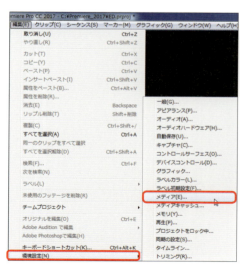

[環境設定]の[メディア]を選ぶ

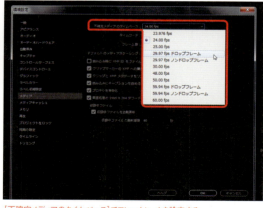

[不確定メディアのタイムベース]でフレームレートを設定する

02 ［画像シーケンス］にチェックを入れる

ファイルメニューで［読み込み］を選ぶか、プロジェクトパネルの余白部をダブルクリックして［読み込み］ダイアログボックスを開きます。ここで読み込む連番ファイルを指定します。まずいずれか1つのファイルを選択し、［画像シーケンス］にチェックを入れます。これで連番ファイルが映像クリップとして読み込まれるので［開く］をクリックします。

［読み込み］ダイアログボックスの［画像シーケンス］にチェックを入れる

03 連番ファイルが映像クリップとして読み込まれる

静止画像の連番ファイルが映像クリップとして読み込まれます。あとはほかのビデオクリップと同じ扱いで編集に使用します。

静止画像の連番ファイルが映像クリップとして読み込まれた

014　編集までの操作

PhotoshopやIllustratorのレイヤーを読み込む

Adobe Creative CloudのPhotoshopやIllustratorはレイヤー構造を持っていて、たとえば背景とタイトルを別々に扱うことができます。Premiere Proはこの中の1つのレイヤーを指定して読み込むことができます。レイヤーは描画部分以外は透明になるので配置するだけでほかの素材に合成されます。

▶▶方法1　［レイヤーファイルの読み込み］を使う

▶▶方法1　［レイヤーファイルの読み込み］を使う

01　レイヤーを持つPhotoshopファイル

ここではPhotoshopのレイヤーを読み込んでみましょう。まずレイヤー構造を持つPhotoshopファイルをPhotoshopで開いてみます。このファイルは［背景］［グラデーション］［飾り］［タイトル］の4つのレイヤーで構成されていることがわかります。この中の［タイトル］レイヤーだけを読み込みます。

4つのレイヤーを持つPhotoshopファイル

02　Photoshopファイルを指定する

Premiere Pro上のメディアブラウザーパネルでPhotoshopファイルを指定し、右クリック（Macではcontrolキー＋クリック）で［読み込み］を選びます。そうすると［レイヤーファイルの読み込み］ダイアログボックスが開き、Photoshopファイルを構成している4つのレイヤーが表示されます。このまま［OK］をクリックするとすべてのレイヤーが統合された静止画像クリップとして読み込まれます。

Photoshopファイルを指定し、［読み込み］を選ぶ　　　　［レイヤーファイルの読み込み］ダイアログボックスが開く

03 Photoshopのレイヤーを指定する

ここでは[タイトル]レイヤーだけを読み込むので、まず[読み込み]を[個別のレイヤー]にします。次に[タイトル]だけをチェックして[OK]をクリックします。

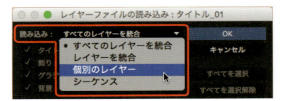

[読み込み]を[個別のレイヤー]にする

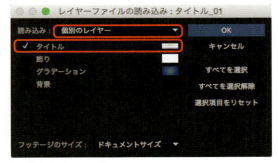

読み込むレイヤーを指定する

04 レイヤーが読み込まれる

プロジェクトパネルにPhotoshopの特定のレイヤーだけが読み込まれます。これをほかのクリップが配置されたタイムラインに、クリップに重なるように配置すると、それだけでレイヤーがクリップに合成されます。

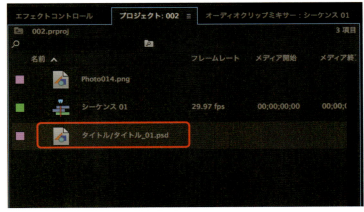

Photoshopの1つのレイヤーだけが読み込まれる

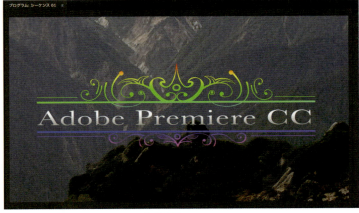

タイムラインに配置するだけでほかのクリップに合成される

047

015 編集までの操作

読み込んだクリップを整理する

読み込んだクリップを削除したり名前を変更することができますが、元のファイルには影響がありません。また、読み込んだクリップを色やフォルダで整理することができます。プロジェクトパネル内のフォルダは[ビン]と呼ばれ、名前をつけてクリップを振り分けることができます。

- ▶▶方法1　クリップを削除する
- ▶▶方法2　クリップ名を変更する
- ▶▶方法3　ラベルをつける
- ▶▶方法4　ビンに入れる

▶▶方法1　クリップを削除する

01　deleteキーで削除する

読み込んだクリップを削除する方法は数種あります。いずれの方法も複数クリップを選択して実行すると一度に複数のクリップを削除できます。まず1つめの方法は、削除クリップを選択してdeleteキーを押します。

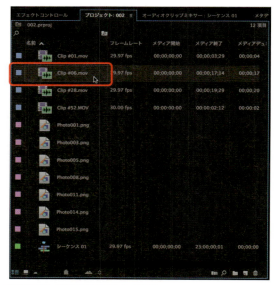

削除するクリップを選択してdeleteキーを押す

02　右クリックメニューで削除する

次の削除方法は、クリップを右クリックしてメニューで[消去]を選びます。

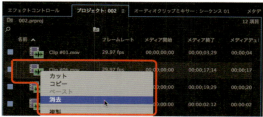

削除するクリップを右クリックしてメニューで[消去]を選ぶ

03 消去ボタンで削除する

もう1つの削除方法は、クリップを選択してプロジェクトパネルの右下にあるバケツマークの[消去]ボタンをクリックします。

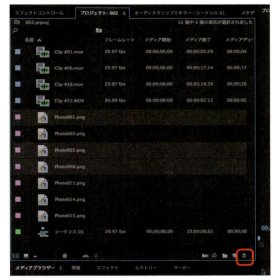

プロジェクトパネルの右下にある[消去]ボタンをクリックする

▶▶方法2　クリップ名を変更する

クリップの名称部分をダブルクリックするか、右クリックして[名前の変更]を選んで名前の入力待機状態にします。クリップを選択した状態で、Windowsは「Enter」、Mac OSでは「Return」キーを押しても名前の入力待機状態になります。この状態でテキストを入力し、クリップを新しい名前にすることができます。この新しい名前はPremiere Pro上だけの名称で、元のファイル名は変更されません。

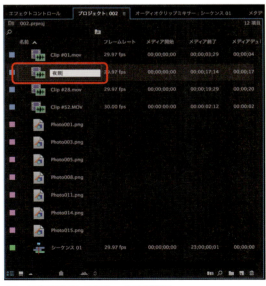

クリップの名前を変更しても元のファイルに影響はない

049

▶▶方法3　ラベルをつける

クリップの一番左にあるラベルの色を変更してクリップを色別に管理することができます。クリップを右クリックしてメニューの[ラベル]で新しい色を選択します。このメニューの[ラベルグループを選択]を使えば、同色ラベルのクリップをまとめて選択することができます。

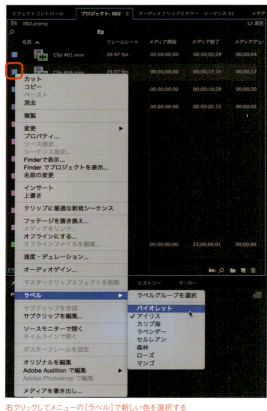

右クリックしてメニューの[ラベル]で新しい色を選択する

ラベル分けしたクリップをラベルでソートすることもできる

▶▶方法4　ビンに入れる

01　新規ビンを作成する

プロジェクトパネルの右下にある［新規ビン］をクリックして新しいビンを作成します。ビンは名前の入力待機状態になっているので名前を入力します。新規ビンはプロジェクトパネルの空欄部分を右クリックしてメニューから［新規ビン］を選んでも作成できます。

［新規ビン］をクリックしてビンを作成する

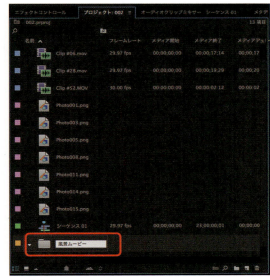

ビンに名称をつける

02　クリップをビンでグループ分けする

ビンの操作方法はフォルダとまったく同じです。クリップをドラッグしてビンの中に入れ、グループ分けします。

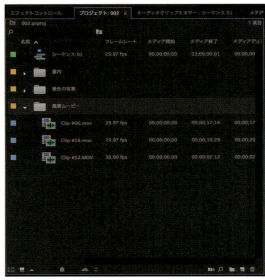

クリップをビンでグループ分けする

016　編集までの操作

クリップを管理する

読み込んだクリップを効率良く管理するために表示方法を変更したり検索することができます。検索はクリップ名やラベルの色以外にもクリップの長さや説明文など多岐に渡り、それらを組み合わせて複雑な検索をおこなうこともできます。

- ▶▶方法1　クリップをリスト表示する
- ▶▶方法2　クリップをアイコン表示する
- ▶▶方法3　クリップを検索する

▶▶方法1　クリップをリスト表示する

01　クリップをリスト表示する

プロジェクトパネルでクリップをリスト表示する場合は、パネルの左下にある[リスト表示]ボタンをクリックします。

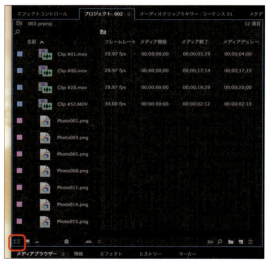

[リスト表示]ボタンでリスト表示する

プロジェクトパネルのパネルオプションで[リスト]を選んでリスト表示にすることもできます。ここではリスト表示のフォントの大きさを変更することもできます。

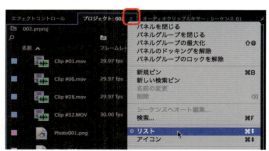

パネルオプションからリスト表示にすることもできる

052

02 リストをソートする

リストはクリップ名のアルファベット順にソートされ、名前の項目部分をクリックして昇順と降順を切り替えることができます。

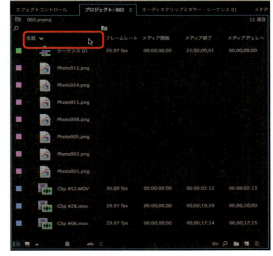

名前の項目部分をクリックしてソートの昇順と降順を切り替える

03 ソートする項目を選ぶ

項目名をクリックすると、その項目の昇順／降順ソートでリスト表示されます。たとえば［メディアデュレーション］をクリックすると、クリップの長さでソートされます。

項目名をクリックするとその項目がソートされる

04 項目の並び順を入れ替える

項目名の部分をドラッグして項目の並び順を入れ替えることができます。

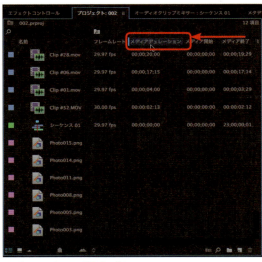

項目名をドラッグして並び順を入れ替える

▶▶方法2　クリップをアイコン表示する

01　クリップをアイコン表示する

プロジェクトパネルでクリップをアイコン表示する場合は、パネルの左下にある[アイコン表示]ボタンをクリックします。

[アイコン表示]ボタンでアイコン表示する

02　アイコンの大きさを変える

プロジェクトパネル左下の[ズームアウト][ズームイン]ボタンをクリックするかズームスライダをドラッグするとアイコンの大きさが変更できます。

ズーム機能でアイコンの大きさを変更する

03 アイコンを並び替える

プロジェクトパネルの下にある［アイコンの並び替え］をクリックして、メニューからアイコンを並び替える項目を選びます。

［アイコンの並び替え］メニューでアイコンを並び替える項目を選ぶ

04 ポスターフレームを設定する

ムービークリップは、選択すると表示されるスライダーでムービー内容を確認することができます。任意のフレームをアイコンのサムネールにする場合は、スライダーで頭出した状態で右クリックし［ポスターフレームを設定］を選びます。

ムービークリップはスライダーで内容を確認できる

任意のフレームを頭出した状態で右クリックし［ポスターフレームを設定］を選ぶ

055

▶▶方法3　クリップを検索する

01　クリップの内容で検索する

プロジェクトパネルの左上にある検索エリアに名前やクリップ情報などのキーワードを入力すると、その内容で検索され検索結果のクリップだけが表示されます。クリップ内容の検索を具体的に説明すると、たとえば「モノラル」と入力するとモノラル音声のクリップだけが表示されます。検索結果からすべてのクリップ表示に戻す場合は、入力したキーワードの右に表示されるバツマークをクリックします。

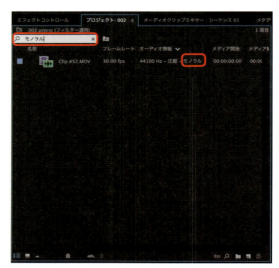

名前や説明などのクリップ内容で検索する

02　[検索] ボタンで複雑な検索をする

プロジェクトパネルの右下にある[検索]ボタンをクリックすると[検索]ダイアログボックスが表示されます。ここで検索項目を選ぶことができ、さらに複数の組み合わせ検索をすることもできます。項目を選んでキーワードを入力した後[検索]をクリックして検索を開始します。

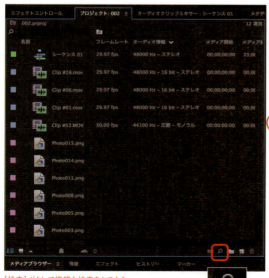

[検索]ボタンで複雑な検索をおこなう

[検索]ダイアログボックスで検索項目を選ぶ

03 検索結果をビンに入れる

プロジェクトパネルの上にある[検索ビンを作成]ボタンをクリックして[検索ビンを編集]ダイアログボックスを開きます。メニューから検索項目を選んでキーワード入力し、[OK]をクリックします。そうすると検索項目の名前のビンが作成され、その中に検索結果が複製されて移動します。検索結果を元の状態に戻す場合はその検索ビンを消去します。

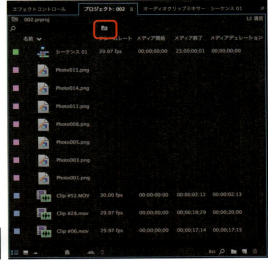

[検索ビンを作成]ボタンをクリックして[検索ビンを編集]ダイアログボックスを開く

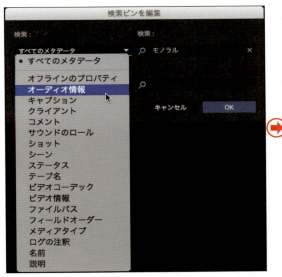

[検索ビンを編集]ダイアログボックスで検索項目を選択してキーワードを入力する

検索項目名のビンが作成されて中に検索結果が複製移動する

017 編集までの操作

クリップにコメントをつける

クリップの管理方法として、クリップにコメントや説明文を追加することができます。それらはクリップのメタデータに含まれ、検索キーワードの対象にもなります。

▶▶方法1　メタデータパネルで入力する

▶▶方法1　メタデータパネルで入力する

01 クリップを選択する

プロジェクトパネルで説明文を追加するクリップを選択します。

プロジェクトパネルで説明文を追加するクリップを選択する

02 メタデータパネルでコメントを入力する

クリップを選択した状態で［メタデータ］タブをクリックしてメタデータパネルを開きます。このパネルにクリップのメタデータが表示されて、その中に［説明］や［コメント］の欄があります。ここをクリックして入力待機状態にし、クリップのコメントや説明文を入力します。

メタデータパネルで説明文を入力する

058

018　編集までの操作

リンクが切れたファイルを読み込み直す

Premiere Proに読み込んでプロジェクトを保存したあとに、ファイルの場所を移動したり名前を変更すると、次にプロジェクトを開いたときにリンク切れのアラートが表示されます。この場合はファイルを探してリンク切れを解消します。

▶▶方法1　検索してつなぎ直す

▶▶方法1　検索してつなぎ直す

01　リンク切れのアラートが表示される

プロジェクトを保存したあとに読み込んだファイルを移動したり名前を変更すると、次にプロジェクトファイルを開いたときにファイルのリンク切れのアラートが表示されます。ここでファイル名と読み込んだときのファイルパスを見ることができるので、移動後あるいは名称変更後のファイルを検索するために[検索]をクリックします。

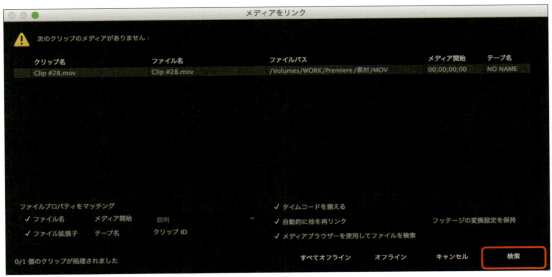

プロジェクトを開いた時にリンク切れのアラートが表示される

02 リンクが切れたファイルを指定する

ファイル検索のダイアログボックスが開くので、リンクを張り直すファイルを指定して[OK]をクリックします。これでリンクが更新されてプロジェクトが開きます。

リンクが切れたファイルを指定する

03 リンク切れファイル検索をスキップする

もしプロジェクト保存後にファイルを削除してしまった場合は、リンク切れファイル検索をスキップするしかないので[オフライン]をクリックしてプロジェクトを開きます。

[オフライン]をクリックしてリンク切れファイル検索をスキップする

MEMO
オフラインのクリップ
見つからないクリップをオフラインにしてプロジェクトを開き、その後保存したとします。すると次にプロジェクトを開いたときはファイル検索のダイアログボックスは開かず、オフラインのままプロジェクトが開きます。

オフラインクリップを編集に使用すると
[メディアオフライン]の表示が出る

04 リンク切れクリップの表示

プロジェクトパネルでリンク切れのファイルは「?」マークが表示されます。編集に使用しないクリップの場合はこのクリップを削除します。

リンクが切れたクリップは「?」マークで表示される

05 リンクを張り直す

もし移動後や名称変更後のファイルが見つかってリンクを張り直す場合は、クリップを右クリックして[メディアをリンク]を選びます。そうするとファイル検索のダイアログボックスが開くので、ここでファイルを指定してリンクを更新します。もし別のファイルと差し替える場合は右クリックメニューの[フッテージを置き換え]を選んで置き換えファイルを指定します。

[メディアをリンク]を選びファイルを指定する

019 編集までの操作

Premiere Proの編集ファイルを読み込む

Premiere Proの編集の素材として、Premiere Proの別の編集ファイルを使うことができます。プロジェクトファイルを指定してその中のすべてのシーケンスを読み込むか、あるいは任意のシーケンスだけを読み込みます。読み込んだあとはムービークリップと同じ扱いで編集に使用できます。

▶▶方法1　Premiere Proのプロジェクトファイルを読み込む

▶▶方法1　Premiere Proのプロジェクトファイルを読み込む

01　Premiere Proのプロジェクトファイルを指定する

プロジェクトパネルの余白をダブルクリックして読み込みダイアログボックスを表示します。ここでプロジェクトファイルを指定して[読み込み]をクリックします。ここまでの操作は通常のクリップを読み込む操作と同じです。

読み込みダイアログボックスでプロジェクトファイルを指定する

02　プロジェクトの読み込み設定をする

[プロジェクトの読み込み]ダイアログボックスが開くのでプロジェクトの読み込み設定をします。[プロジェクト全体を読み込み]を選ぶと、プロジェクト内にあるシーケンスがすべて読み込まれます。[選択したシーケンスを読み込み]を選択すると、プロジェクト内の任意のシーケンスだけを読み込みます。ここでは[選択したシーケンスを読み込み]を選択しました。

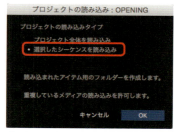

プロジェクトの読み込み設定をする

03 読み込むシーケンスを指定する

[Premiere Pro シーケンスを読み込み]ダイアログボックスにプロジェクト内のすべてのシーケンスが表示されるので、読み込むシーケンスを選択して[OK]をクリックします。

読み込みたいシーケンスを指定する

04 シーケンスが読み込まれる

プロジェクトパネルに指定したシーケンスと、そのシーケンスに使用しているクリップが読み込まれます。

指定したシーケンスと使用しているクリップが読み込まれる

05 シーケンスを展開する

読み込んだシーケンスをダブルクリックして開くと、タイムラインにシーケンスの編集内容が表示されます。この編集内容を変更することもできます。その場合、元のシーケンスおよびプロジェクトファイルに影響はありません。したがって変更を元に戻す場合は読み込んだシーケンスを削除して再度読み込み直せば大丈夫です。

読み込んだシーケンスを開いて編集内容を見る

06 シーケンスをクリップのように使用する

読み込んだシーケンスをムービークリップと同じ扱いで編集に使用することができます。読み込んだシーケンスをほかのシーケンスのタイムラインに配置するとクリップと同様に表示されます。

シーケンスをムービークリップと同じ扱いで編集に使用する

020　編集までの操作

After Effectsの編集ファイルを読み込む

Premiere Proの素材としてAfter Effectsの編集ファイルを使うことができます。After Effectsはモーショングラフィックスや映像加工に特化したソフトですので、Premiere Proでは難しいタイポグラフィのオープニングなどを作成することができ、読み込んだあとはムービークリップと同じ扱いで編集に使用できます。

▶▶方法1　After Effectsのプロジェクトファイルを読み込む

▶▶方法1　After Effectsのプロジェクトファイルを読み込む

01　After Effectsのプロジェクトファイルを指定する

プロジェクトパネルの余白をダブルクリックして読み込みダイアログボックスを表示します。ここでプロジェクトファイルを指定して[読み込み]をクリックします。ここまでの操作は通常のクリップを読み込む操作と同じです。

読み込みダイアログボックスでプロジェクトファイルを指定する

02　読み込むコンポジションを指定する

[After Effectsコンポジションを読み込み]ダイアログボックスが開くので、読み込むコンポジションを選んで[OK]をクリックします。このコンポジションとはPremiereでいうところのシーケンスにあたります。ここでは[コンポ 1]を選んで読み込みました。

読み込むコンポジションを指定する

03 コンポジションが読み込まれる

プロジェクトパネルに指定したコンポジションが読み込まれます。クリップの名称は［コンポジション名／プロジェクト名］です。読み込んだコンポジションの内容をPremiere Pro上で変更することはできず、コンポジションに使用しているクリップも読み込まれません。

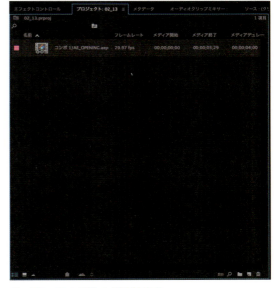

After Effetcsのコンポジションが読み込まれる

04 コンポジションをクリップのように使用する

読み込んだシーケンスをムービークリップと同じ扱いで編集に使用します。読み込んだコンポジションをほかのシーケンスのタイムラインに配置すると、クリップと同様に表示されます。

読み込んだコンポジションをムービークリップと同じ扱いで編集に使用する

After Effectsで作成したモーショングラフィックスをPremiereの編集に使うことができる

021　基本的な編集操作
クリップの時間を事前に設定する

プロジェクトに読み込んだクリップから、編集に使用しない部分をカットします。プロジェクトパネルのクリップをソースモニターで直接設定するので、タイムラインでの編集作業の前に使いやすい長さにしておくことができます。すでにシーケンスに配置してあるクリップをソースモニターで開いてトリミングすることも可能です。

▶▶手順1　ソースモニターでクリップの内容を確認する
▶▶手順2　クリップの開始時点と終了時点を設定する

▶▶手順1　ソースモニターでクリップの内容を確認する

01　ソースモニターにクリップを表示する

プロジェクトパネルまたはタイムラインパネルのクリップを1つ選んでダブルクリックします。ソースモニターにクリップが表示されます。

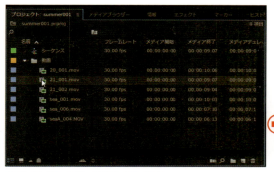

プロジェクトパネルでクリップをダブルクリックする

ソースモニターにクリップが表示される

タイムラインパネルでクリップをダブルクリックする

02 クリップを再生して確認する

クリップを再生して内容を確認します。ソースモニターの[再生]ボタンをクリックして、クリップを再生します。再生を止める場合は、[停止]ボタンをクリックします。

[再生]ボタンで再生する

[停止]ボタンで停止する

▶▶手順2　クリップの開始時点と終了時点を設定する

01 クリップのインポイント（開始時点）を設定する

編集で使用したい開始時点をインポイントに設定して、インポイントよりも前の部分をカットします。初期設定のインポイントはクリップの先頭に設定されています。再生ヘッドをインポイントに指定したい時点へ移動して、[インをマーク]ボタンをクリックします。クリップにインポイントがマークされます。

再生ヘッドを開始時点に移動する

 [インをマーク]ボタンをクリックする

インポイントが設定される

067

02 クリップのアウトポイント（終了時点）を設定する

クリップを終了させたい時点に再生ヘッドを移動して、[アウトをマーク]ボタンをクリックします。クリップにアウトポイントがマークされます。

再生ヘッドを終了時間に移動する

[アウトをマーク]ボタンをクリックする

アウトポイントが設定される

---

03 インポイント／アウトポイントの時点を変更する

インポイント／アウトポイントの時点を変更する場合は、再生ヘッドを変更したい時点へ移動して、再び[インをマーク／アウトをマーク]をクリックします。

再生ヘッドを変更する時点に移動する

[インをマーク／アウトをマーク]をクリックする

インポイント／アウトポイントの時点が変更される

または、設定済みのインポイント／アウトポイントをドラッグして時間を変更します。

インポイント／アウトポイントをドラッグする

継続時間を保ったままインポイントとアウトポイントを同時に移動する場合は、タイムルーラーのクリップをドラッグして移動します。

タイムルーラーのクリップ自体をドラッグする

04 インポイント／アウトポイントを消去する

インポイント／アウトポイントを消去するには、ソースモニターのタイムルーラー、または画面を右クリック（Macはcontrolキー＋クリック）して［インを消去］［アウトを消去］［インとアウトを消去］を選択します（シーケンスに配置されたクリップをソースモニターで開いている場合は消去できません）。

インポイント／アウトポイントを消去する

022　基本的な編集操作

クリップに最適なシーケンスをつくる

Premiere Proでは、あらかじめ作成したシーケンスにクリップを配置する方法のほかに、クリップのサイズやタイムベースなどの情報に合わせたシーケンスを作成して編集をおこなう方法があります。クリップを元にシーケンスを作成するので、シーケンスの設定を自動的におこなうことができます。

▶▶方法1　［クリップから取得したシーケンス］を使う
▶▶方法2　［新規項目］へドラッグする
▶▶方法3　［クリップに最適な新規シーケンス］を使う

▶▶方法1　［クリップから取得したシーケンス］を使う

プロジェクトパネルで、シーケンスを作成するために使用するクリップをクリックして選択します。ファイルメニューの［新規］をクリックして［クリップから取得したシーケンス］を選択します。新規シーケンスがクリップの名前で作成されます。

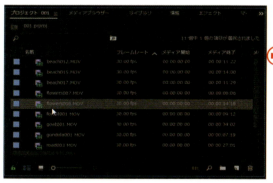

プロジェクトパネルでクリップを選択する

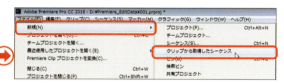

ファイルメニューから［新規］／［クリップから取得したシーケンス］を選択

新規シーケンスが作成される

▶▶方法2　[新規項目] へドラッグする

プロジェクトパネルで、シーケンスを作成するために使用するクリップを [新規項目] ボタンへドラッグします。新規シーケンスがクリップから作成されます。

プロジェクトパネルでクリップを [新規項目] へドラッグする

新規シーケンスが作成される

▶▶方法3　[クリップに最適な新規シーケンス] を使う

プロジェクトパネルで、シーケンスを作成するために使用するクリップを右クリック（Macはcontrolキー+クリック）して [クリップに最適な新規シーケンス] を選択します。

クリップを右クリック（Macはcontrolキー+クリック）して [クリップに最適な新規シーケンス] を選択

> **MEMO**
> 複数のクリップを選択して [クリップに最適な新規シーケンス] を選択すると（右図）、クリップを選択した順番にシーケンスに配置されます。シーケンスの設定は、一番初めに選択したクリップに合わせて作成されます。

複数のクリップを同時に選択する

選択した順番にクリップが配置される

023 基本的な編集操作

クリップを順番に並べる

クリップを再生する順番にタイムラインに並べます。プロジェクトパネルからシーケンスへ直接ドラッグ＆ドロップする方法と、クリップメニューから選択する方法、ソースモニターからシーケンスへ追加する方法があります。いずれも、すでに配置してあるほかのクリップに対して上書きするか、インサート（挿入）するかを選択できます。またビデオのみ、またはオーディオのみを選択することもできます。

- ▶▶準備　上書きとインサートの違い
- ▶▶方法1　ドラッグ＆ドロップする
- ▶▶方法2　クリップメニューから選択する
- ▶▶方法3　ソースモニターから追加する
- ▶▶方法4　ビデオ／オーディオのみ追加する

▶▶準備　上書きとインサートの違い

すでに前後にほかのクリップがある場合、クリップを上書きする方法（上書き）と、割り込ませる方法（インサート）の2種類があります。

［上書き］：
クリップを上書きにした場合、すでにその位置にあったクリップは表示されず、上書きされます。シーケンス全体の時間は変更されません。

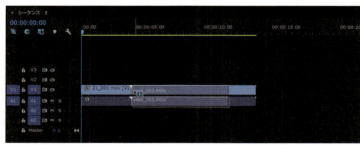

［上書き］で追加する

クリップが上書きされるので、全体の時間は変わらない

［インサート］:
クリップをインサートした場合、すでにその位置にあったクリップは分割され、その間に割り込まれます。インサートしたクリップより後のクリップは後ろへずれるため、シーケンス全体の時間は長くなります。

［インサート］で追加する

クリップが割り込まれるので、全体の時間は長くなる

▶▶方法1　ドラッグ＆ドロップする

01　プロジェクトパネルからクリップをドラッグ＆ドロップする

シーケンス（シーケンスの作成方法はPART 02を参照）を開いた状態で、プロジェクトパネルからクリップをシーケンスのトラックへドラッグ＆ドロップします。

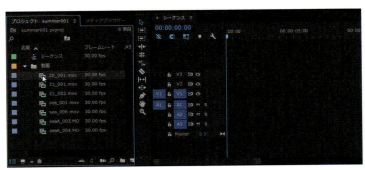
プロジェクトパネルのクリップをドラッグする

シーケンスのトラックにドロップする

073

02 スナップをオンにする

続けてクリップを並べる場合は、再びプロジェクトパネルからクリップをドラッグ&ドロップします。シーケンスメニューの[スナップ]をクリックしてオンにしておくと、先に配置してあるクリップにぴったりくっつけて追加することができます。

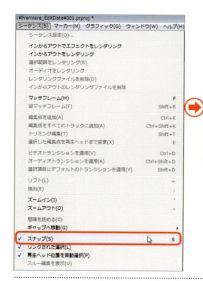

クリップがスナップされる

03 [インサート][上書き]を選択する

初期設定ではドラッグすると[上書き]に、Ctrlキー（Macは⌘キー）を押しながらドラッグすると[インサート]になります。

[上書き]で追加する　　　　　　　　　　　　　　[インサート]で追加する

クリップが上書きされる　　　　　　　　　　　　クリップが割り込まれる

▶▶方法2　クリップメニューから選択する

01　[インサート]を選択する場合

再生ヘッドをクリップを配置する時点に移動しておきます。プロジェクトパネルでクリップを選択し、クリップメニューから[インサート]を選択します。

再生ヘッドを移動する

プロジェクトパネルでクリップを選択する

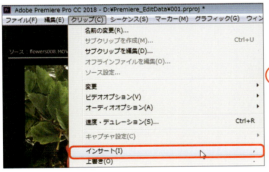
[インサート]を選択する

クリップがインサートされる

02　[上書き]を選択する場合

同様にプロジェクトパネルでクリップを選択し、クリップメニューから[上書き]を選択します。

[上書き]を選択する

クリップが上書きされる

▶▶方法3　ソースモニターから追加する

再生ヘッドをクリップを配置する時点に移動しておきます。プロジェクトパネルでクリップをダブルクリックして、ソースモニターに表示します。ソースモニターにある[インサート][上書き]ボタンをクリックします。

[インサート]ボタンをクリックする

プロジェクトパネルでクリップをダブルクリックする

[上書き]ボタンをクリックする

▶▶方法4　ビデオ／オーディオのみ追加する

プロジェクトパネルでクリップをダブルクリックして、ソースモニターに表示します。

［ビデオのみドラッグ］ボタンにカーソルを合わせ、シーケンスにドラッグ&ドロップします。

［ビデオのみドラッグ］ボタンをシーケンスに
ドラッグ&ドロップする

ビデオクリップのみ追加された

同様にオーディオのみ追加する場合は、［オーディオのみドラッグ］ボタンにカーソルを合わせ、シーケンスにドラッグ&ドロップします。

［オーディオのみドラッグ］ボタンをシーケンス
にドラッグ&ドロップする

オーディオクリップのみ追加された

024 | クリップをトリミングする

024　基本的な編集操作

クリップをトリミングする

シーケンスに並べたクリップから編集に使用しない部分をカットします。クリップの開始、終了どちらかの端を左右にドラッグして、必要な部分だけ残るように再生時間を調節します。

> ▶▶方法1　クリップの端を左右にドラッグする

> ▶▶方法1　クリップの端を左右にドラッグする

01　開始時点を遅くする

シーケンスに配置したクリップの、左端にマウスカーソルを合わせます。カーソルがトリムアイコンに変化するので、右側へドラッグします。クリップのインポイント（開始時点）が移動して、クリップの先頭部分がカットされます。

マウスカーソルをクリップ左端に合わせる

アイコンがトリムアイコンに変化する

右へドラッグする

クリップがトリミングされた

02 終了時点を早くする

クリップの右端にマウスカーソルを合わせます。カーソルがトリムアイコンに変化するので、左側へドラッグします。クリップのアウトポイント（終了点）が移動して、クリップの末尾部分がカットされます。

シーケンスにクリップを配置する

アイコンがトリムアイコンに変化する

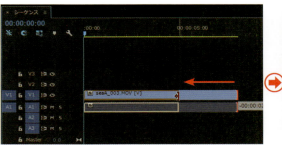
左へドラッグする

クリップがトリミングされた

025 基本的な編集操作

クリップを移動する

シーケンスに並べたクリップを移動します。一度トラックに配置したクリップは、選択ツールでドラッグして移動させることができます。移動先に別のクリップが配置されている場合は、[上書き]か[インサート]を選択します。

▶▶手順1　ドラッグする
▶▶手順2　[上書き]または[インサート]を選択する

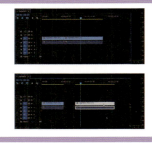

▶▶手順1　ドラッグする

シーケンスに配置したクリップは、選択ツールで左右にドラッグして移動します。上下に移動すると、別のトラックへ移動することができます。

シーケンスに配置したクリップを選択する

右にドラッグする

上にドラッグする

▶▶手順2　[上書き]または[インサート]を選択する

クリップの移動先にほかのクリップが配置されている場合は、そのままドラッグして[上書き]するか、Ctrlキー（Macは⌘キー）を押して[インサート]するかを選択できます。

シーケンスに配置したクリップ

[上書き]

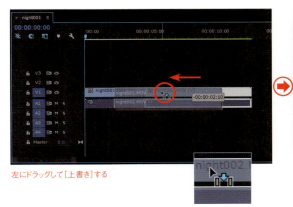

左にドラッグして[上書き]する

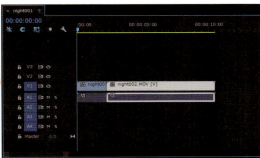

右側のクリップで左側のクリップが[上書き]される

[インサート]

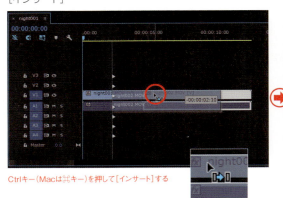

Ctrlキー（Macは⌘キー）を押して[インサート]する

右側のクリップが左側のクリップに割り込む

026 基本的な編集操作

並べたクリップを削除する

シーケンスに並べたクリップを削除する場合は、選択ツールでクリップを選択した状態でdeleteキーを押します。

▶▶方法1　deleteキーを押す

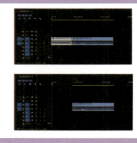

▶▶方法1　deleteキーを押す

シーケンスに配置したクリップを、選択ツールでクリックして選択した状態にしておきます。キーボードのdeleteキーを押して削除します。

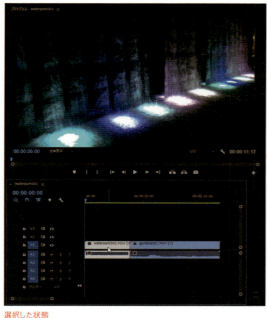

選択した状態

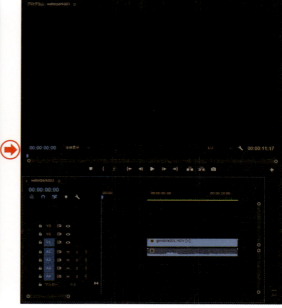

deleteキーで削除された

027 基本的な編集操作

画面切り替え効果をつける

シーケンスの同じトラックに並べた2つのクリップ間に、画面切り替え効果の[トランジション]を加えます。[トランジション]にはさまざまな種類があり、種類ごとにビンに分けられています。代表的なものでは、フェードインフェードアウト効果の[クロスディゾルブ]、中央から切り替わる[センタースプリット]などがあります。

- ▶▶準備 クリップが重なる部分をつくる
- ▶▶方法1 トランジションを適用する
- ▶▶方法2 トランジションを移動する
- ▶▶方法3 トランジションを削除する

[クロスディゾルブ]を使用した例

[センタースプリット]を使用した例

▶▶準備　クリップが重なる部分をつくる

シーケンスに[トランジション]効果を加えるクリップを並べて配置します。後ろのクリップは、前のクリップに少し重ねて上書きします。重なった部分に[トランジション]を適用します。重なった部分を[予備のフレーム]と呼び、[予備のフレーム]がない状態で[トランジション]を適用すると、効果が表示されている間、前のクリップは最後のフレーム、後ろのクリップは最初のフレームが停止した状態で再生されます。

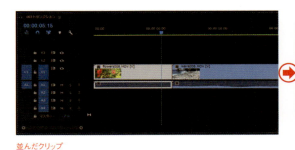

並んだクリップ　　　　　　　　　　　　　　　　クリップを上書きして重なる部分をつくる

▶▶方法1　トランジションを適用する

01　エフェクトパネルを開く

エフェクトパネルを開いて、[ビデオトランジション]ビンの左側の三角形をクリックします。

エフェクトパネル

02 トランジションを表示する

ビデオトランジションが種類ごとにビンに分けて用意されていますので、使用したいビンの左側の三角形をクリックして、さらに展開します。ここでは、[スライド]の[センタースプリット]を使用します。

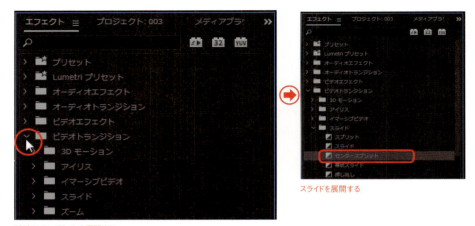

ビデオトランジションを展開する　　スライドを展開する

03 トランジションをドラッグ&ドロップする

使用するトランジションを、タイムラインの2つのクリップの間にドラッグ&ドロップします。トランジションが適用されます。

クリップ間にドラッグ&ドロップする

トランジション(センタースプリット)が適用された

03 トランジションの設定をおこなう

いくつかのトランジションは、動きや線などの設定をおこなうことができます。タイムラインパネル上で、適用されたトランジションをクリックするとエフェクトコントロールパネルに設定画面が表示されます。ここでは、センタースプリットの設定を元に説明します。

タイムラインでトランジションをクリックする

トランジション設定画面

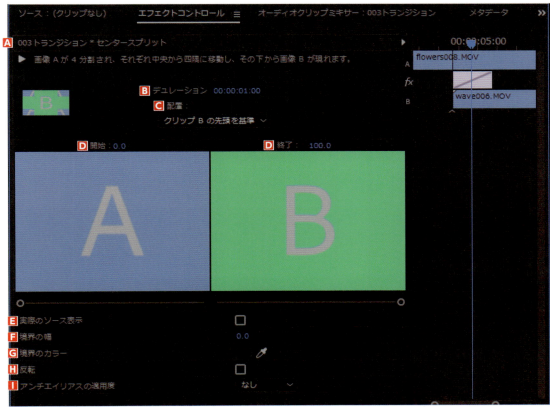

【トランジションの設定項目】
- **A** トランジションの説明:トランジションの動きの説明
- **B** デュレーション:トランジションの継続時間
- **C** 配置:トランジションの位置(前のクリップと後ろのクリップとの位置関係)を選択する
- **D** 開始/終了:トランジションの開始と終了の表示を数値で設定する
- **E** 実際のソース表示:オンにすると実際のクリップでABを表示する
- **F** 境界の幅:トランジションの切り替えに境界線を加える
- **G** 境界のカラー:境界の色を設定する
- **H** 反転:トランジションの効果を反転する
- **I** アンチエイリアスの適用度:トランジションの境界へのアンチエイリアスの適用度を選択する

085

▶▶方法2　トランジションを移動する

エフェクトコントロールパネルのタイムラインでは、クリップとトランジションがどのように配置されているか確認することができます。トランジションの開始／終了時間や継続時間を変更する場合は、クリップと同様に左端／右端、中央をドラッグします。

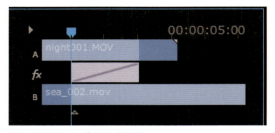

エフェクトコントロールパネルのタイムライン

左端をドラッグしてトランジションの開始時点を遅くする

右端をドラッグしてトランジションの終了時点を早める

中央をドラッグしてトランジションの位置を変更する

▶▶方法3　トランジションを削除する

適用したトランジションは、右クリック（Macはcontrolキー＋クリック）で［消去］を選択すると削除することができます。

右クリックで［消去］を選択する

028　基本的な編集操作

ビデオエフェクトを加える

クリップに色の補正や変形、ぼかしなどのビデオエフェクトを加えます。エフェクトは種類ごとにビンで分けられて用意されています。複数のエフェクトを同時に適用することもできます。

- ▶▶方法1　エフェクトを表示する
- ▶▶方法2　エフェクトを適用する
- ▶▶方法3　エフェクトを設定する
- ▶▶方法4　エフェクトを追加する
- ▶▶方法5　エフェクトを削除する

▶▶方法1　エフェクトを表示する

エフェクトパネルを開いて、[ビデオエフェクト]ビンの左側の三角形をクリックします。エフェクトの種類別のビンが表示されるので、使いたい種類のビンの左側の三角形をクリックして展開します。

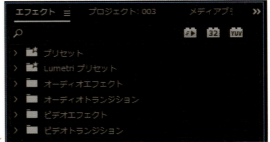

エフェクトパネル

ビデオエフェクトを展開する

087

▶▶方法2　エフェクトを適用する

使用するエフェクトを選択して、タイムラインのクリップへドラッグ&ドロップします。エフェクトが適用されて、クリップの[Fx]マークが紫に変わります。

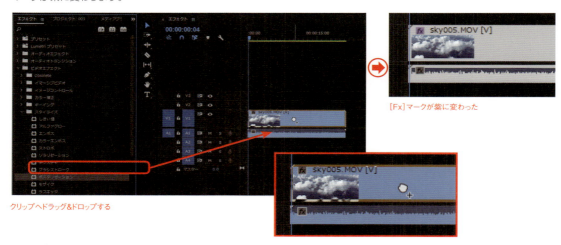

クリップへドラッグ&ドロップする

[Fx]マークが紫に変わった

エフェクト適用前

エフェクト適用後

▶▶方法3　エフェクトを設定する

エフェクトコントロールパネルを開いて、タイムラインのエフェクトを適用したクリップを選択すると、適用したエフェクトが表示されます。エフェクトによって設定できる項目はさまざまです。ここでは、ノイズの設定を表示しています。
それぞれの項目の数値を設定して、エフェクトの度合いを変更します。初期設定に戻す場合は、それぞれの項目の右側にある[パラメーターをリセット]ボタンをクリックします。

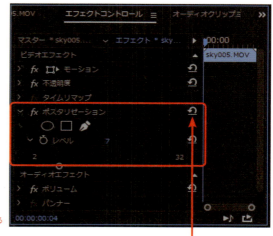

エフェクトコントロールパネルでエフェクトの設定する

[パラメーターをリセット]ボタン

▶▶方法4　エフェクトを追加する

すでにエフェクトを適用したクリップに、さらにエフェクトを追加する場合も、エフェクトパネルからエフェクトをタイムラインのクリップ、またはエフェクトコントロールパネルへドラッグします。エフェクトが追加されます。

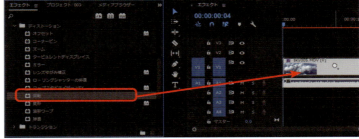

エフェクトパネルから[回転]エフェクトをドラッグ&ドロップする

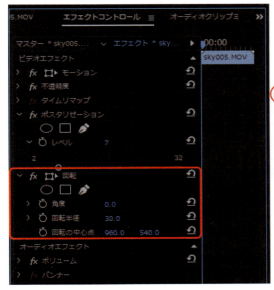

[回転]エフェクトが追加された

[回転]エフェクトが適用された

▶▶方法5　エフェクトを削除する

適用したエフェクトを削除する場合は、エフェクトコントロールパネルでエフェクト名を右クリック(Macはcontrolキー+クリック)して[消去]を選択します。

[消去]を選択する

029 基本的な編集操作

トラックの表示を変える

タイムラインパネルでのトラックの表示方法を変えます。トラックの高さを変更したり、時間表示を拡大して編集しやすくすることができます。

▶▶方法1　トラックを展開する
▶▶方法2　トラックの時間表示をズームする

▶▶方法1　トラックを展開する

01　トラックヘッダーをダブルクリックする

トラックを展開すると、クリップが大きく表示され、キーフレームボタンが現れます。トラックを展開するには、トラックヘッダーをダブルクリックします。

トラックヘッダーをダブルクリックする

トラックが展開され、クリップが大きく表示される

オーディオを展開して波形を表示することもできます（あらかじめタイムライン表示設定で［オーディオ波形を表示］をオンにしておく必要があります）。

タイムライン表示設定ボタン
［オーディオ波形を表示］をオンにしておく

オーディオ波形が表示される

02 トラックの高さをドラッグして変更する

トラックの高さを自由に変更するには、トラックヘッダー領域でトラックとトラックの境界にマウスカーソルを合わせて、上下にドラッグします。このとき、カーソルが高さ調整アイコンに変化します。

アイコンがトリムアイコンに変化する

上にドラッグする

トラックの高さが変更された

03 すべてのトラックを最小／拡大表示する

タイムライン表示設定ボタンをクリックして、メニューから［すべてのトラックを最小化］［すべてのトラックを拡大表示］を選択すると、すべてのトラックを一括して最小化／拡大表示ができます。

タイムライン表示設定ボタンをクリックする

［すべてのトラックを拡大表示］を選択した場合

［すべてのトラックを最小化］を選択した場合

▶▶方法2　トラックの時間表示をズームする

01　ズームツールでズームイン／ズームアウトする

トラックをズームイン／ズームアウトして時間の表示を拡大／縮小します。フレーム単位の設定など、細かい作業をする場合に便利です。
ツールバーの[ズームツール]でタイムラインパネルをクリックしてズームインします。ズームアウトする場合は、Altキー（Macはoptionキー）を押しながらクリックします。ズームツールがマイナス表示になります。

ズームツール

Altキー（Macはoptionキー）を押すと、ズームツールがマイナスになる

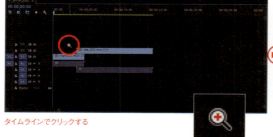
タイムラインでクリックする

タイムラインが拡大された

02　ズームスクロールバーでズームイン／ズームアウトする

タイムラインパネルの下部にある[ズームスクロールバー]の左右の端をドラッグして、ズームイン／ズームアウトします。

ズームスクロールバー

左右にドラッグして拡大／縮小する

030 基本的な編集操作

トラックを追加する

シーケンスでタイトルや静止画、効果音とBGMなどクリップを重ねて編集しているとトラックが足りなくなることがあります。また、使用していないトラックを削除して使いやすいシーケンスで編集することもできます。ここではトラックの追加方法と、削除方法を説明します。

▶▶方法1　[トラックの追加]を使う
▶▶方法2　右クリック（Macはcontrolキー＋クリック）
▶▶方法3　指定した位置にトラックを追加する

▶▶方法1　[トラックの追加]を使う

01 シーケンスメニューでトラックを追加する

シーケンスメニューで[トラックの追加]を選択します。

トラック追加前のシーケンス

シーケンスメニューで[トラックの追加]を選択する

02 トラックの追加を設定する

トラックの追加設定画面が表示されるので、設定をおこないます。OKをクリックすると、トラックが追加されます。ここでは、ビデオトラックとオーディオトラックをそれぞれ1つずつ追加しています。

トラックの追加設定画面

B トラックの配置メニュー

C オーディオのトラックの種類メニュー

D オーディオサブミックスのトラックの種類メニュー

【トラックの追加の設定項目】
●共通項目
A 追加:追加するトラックの数をそれぞれ入力する
B 配置:追加する場所をそれぞれ選択する
●オーディオトラック
C トラックの種類:オーディオトラックの種類を[標準][5.1][アダプティブ][モノラル]から選択する
●オーディオサブミックストラック
D トラックの種類:オーディオサブミックストラックの種類を[ステレオ][5.1][アダプティブ][モノラル]から選択する

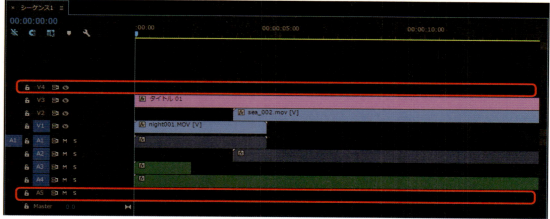

トラックが追加された

03 トラックを削除する

シーケンスメニューで[トラックの削除]を選択します。トラックの削除設定画面が表示されるので、設定をおこないます。OKをクリックすると、トラックが削除されます。[すべての空トラック]を選択すると、使用していないトラックがすべて削除されます。

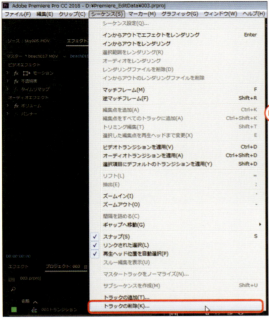

シーケンスメニューで[トラックの削除]を選択する

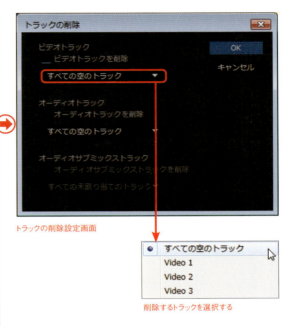

トラックの削除設定画面

削除するトラックを選択する

▶▶方法2　右クリック（Macはcontrolキー＋クリック）

トラックヘッダー部分で右クリック（Macはcontrolキー＋クリック）して、メニュー下部にある方の[トラックを追加]を選択すると、トラックの追加設定画面が表示されます。

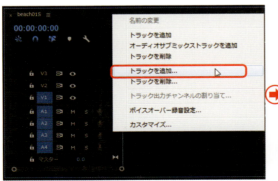

メニュー下部の[トラックを追加]を選択する

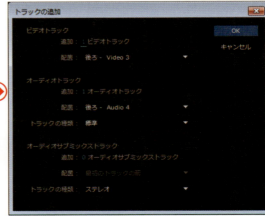

トラックの追加設定画面が表示される

095

▶▶方法3　指定した位置にトラックを追加する

01　メニュー上の[トラックを追加]を選択

指定した位置にトラックを追加したい場合は、その下のトラックのトラックヘッダー部分で右クリック（Macはcontrolキー+クリック）して、メニュー上部にある方の[トラックを追加]を選択します。選択したトラックの上に1つだけトラックが追加されます。

追加したいトラックの1つ下のトラックヘッダー部分を右クリックする

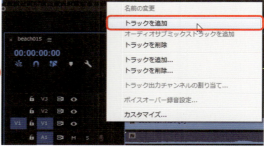
メニュー上部の[トラックを追加]を選択する

クリックしたトラックの1つ上に新規トラックが追加される

02　メニュー上の[トラックを削除]を選択

同様にして特定のトラックのトラックヘッダー部分を右クリック（Macはcontrolキー+クリック）して、メニュー上部にある方の[トラックを削除]を選択すると、そのトラックが削除されます。

削除したいトラックのトラックヘッダーを右クリックする

メニュー上部の[トラックを削除]を選択する

クリックしたトラックが削除される

031　基本的な編集操作

トラックの表示／非表示を切り替える

シーケンスのビデオ／オーディオトラックを、一時的に非表示にして、画面上に表示されない／音がミュートされた状態にします。これはトラックが削除されるのではなく、非表示状態です。

▶▶方法1　［トラック出力の切り替え］ボックス（ビデオ）
▶▶方法2　［トラックをミュート］ボックス（オーディオ）

▶▶方法1　［トラック出力の切り替え］ボックス（ビデオ）

ビデオトラックのトラックヘッダーで、目の形のアイコン［トラック出力の切り替え］ボックスをクリックします。アイコンが青くなって斜線が入り、このトラックのビデオは非表示になります。
元に戻す時は、もう一度［トラック出力の切り替え］ボックスをクリックします。

［トラック出力の切り替え］ボックス

非表示になる

もう一度クリックすると表示状態に戻る

097

▶▶方法2　[トラックをミュート]ボックス（オーディオ）

オーディオトラックのトラックヘッダーで、Mと表示されている[トラックをミュート]ボックスをクリックします。ボックスの背景色が緑になり、再生してもオーディオはミュートされた（消音）状態になります。
元に戻すときは、もう一度[トラックをミュート]ボックスをクリックします。

[トラックをミュート]ボックス

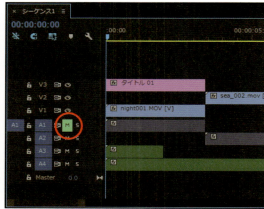

ボックスの背景色が緑色になり、オーディオがミュートされる

> **MEMO**
> 非表示にして出力するとビデオトラックのクリップはブラックビデオとして出力されます。非表示にしたトラックに配置したクリップが表示しているほかのトラックよりも長い場合は、クリップの長さの分ブラックビデオが出力されるので出力の範囲に注意してください。

032 基本的な編集操作

トラックをロックする

トラック内のクリップを間違えて移動させてしまうのを防ぐため、トラックをロックすることができます。ビデオトラック、オーディオトラックともにそれぞれロックすることが可能です。

▶▶方法1　[ロックの切り替え] ボックス

▶▶方法1　[ロックの切り替え] ボックス

ロックしたいビデオまたはオーディオトラックのトラックヘッダーで、[ロックの切り替え] ボックスをクリックします。ボックスが青くなり、ロックがオンになります。ロックされているトラックは、斜線が表示されます。

▶ビデオトラック

ビデオトラックの[ロックの切り替え] ボックス

ビデオトラックのロックがオンになった

▶オーディオトラック

オーディオトラックの[ロックの切り替え] ボックス

オーディオトラックのロックがオンになった

099

033 基本的な編集操作

トラック全体を選択する

トラックに配置されているクリップを一度に複数選択します。すべてのトラックに配置されているクリップを同時に選択することもできます。[トラックの前方選択ツール]では前方から、[トラックの後方選択ツール]では後方からクリップを選択します。

▶▶方法1　すべてのトラックを選択する
▶▶方法2　1つのトラックのすべてのクリップを一度に選択する
▶▶方法3　トラックの途中からクリップを選択する

▶▶方法1　すべてのトラックを選択する

01　[トラックの前方選択ツール]でクリックする

ツールバーの[トラックの前方選択ツール]を選択して、トラックの先頭にあるクリップをクリックします。カーソルが二本の矢印になり、すべてのトラックのすべてのクリップが選択されます。

[トラックの前方選択ツール]

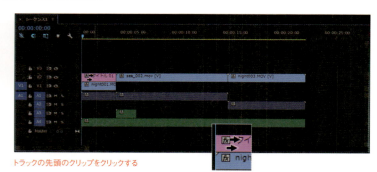

トラックの先頭のクリップをクリックする

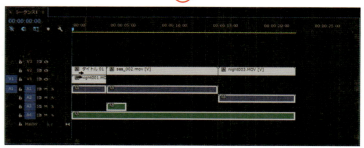

すべてのトラックのすべてのクリップが選択された

02 [トラックの後方選択ツール]で クリックする

ツールバーの[トラックの後方選択ツール]を選択して、トラックの最後尾にあるクリップをクリックします。カーソルが2本の矢印になり、すべてのトラックのすべてのクリップが選択されます。

[トラックの後方選択ツール]

トラックの最後尾のクリップを選択する

すべてのトラックのすべてのクリップが選択された

▶▶方法2 1つのトラックのすべてのクリップを一度に選択する

[トラックの前方選択ツール]か[トラックの後方選択ツール]を選択して、shiftキーを押しながらトラックの先頭（[トラックの前方選択ツール]の場合）、またはトラックの最後尾（[トラックの後方選択ツール]の場合）をクリックします。カーソルが一本の矢印になり、選択したトラックでのみ、すべてのクリップが選択されます。この時、リンクされているビデオクリップとオーディオクリップは同時に選択されます。

shiftキーを押しながらクリックする

リンクされたオーディオクリップと1つのトラックが選択される

▶▶方法3 トラックの途中からクリップを選択する

トラックの途中からクリップを選択して、選択したクリップだけを移動することができます。選択したい時間に配置されているクリップを[トラックの前方選択ツール]か[トラックの後方選択ツール]でクリックします。

トラックの途中のクリップを選択する

途中からクリップがすべて選択された

034　基本的な編集操作

プレビューする

編集の途中でプレビューを確認します。Premiere Proではプレビューファイルを指定したフォルダに保存しています。出力時と同じ状態でプレビューを再生するためには、一度プレビューファイルをレンダリングする必要があります。エフェクトやトランジションを適用したクリップはレンダリングが完成していないため、レンダリングバーが黄色く表示されますが、プレビューが保存されると緑色になります。

▶▶方法1　［インからアウトをレンダリング］を使う

▶▶方法1　［インからアウトをレンダリング］を使う

01　シーケンスメニューから［インからアウトをレンダリング］を選択

プレビューしたいシーケンスを開いて、シーケンスメニューから［インからアウトをレンダリング］を選択します。インポイント、アウトポイントを設定していない場合は、シーケンス全体がレンダリングされます。

プレビューレンダリング前のシーケンス（レンダリングバーに黄色い部分がある）

シーケンスメニューから［インからアウトをレンダリング］を選択

02　レンダリングが開始される

レンダリング画面が表示され、レンダリングが開始されます。

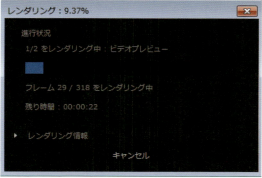

レンダリング中に表示される画面

03 プレビューが始まる

レンダリングが終了していれば、プログラムモニターでプレビューすることができます。レンダリングバーが緑色の状態の場合は、再生ボタンでいつでもプレビューを確認することができます。

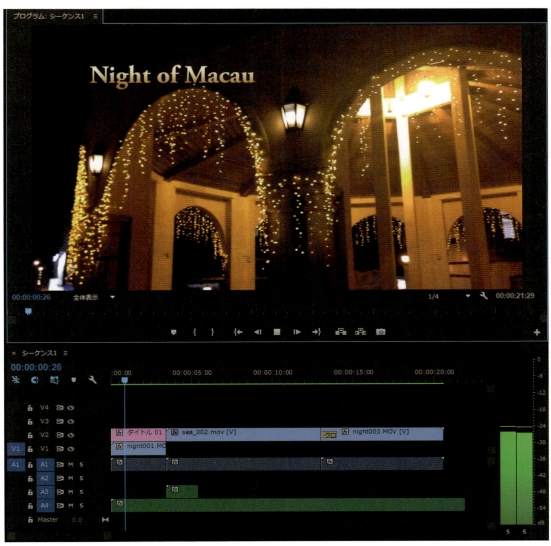

プレビューが再生される

035 便利な編集機能

複数のクリップを一度に配置する

プロジェクトパネルに読み込んだ複数のクリップを選択して、[シーケンスへオート編集]で一度に配置します。プロジェクトパネルに並んでいる順番で配置する方法と、選択した順番で配置する方法があります。クリップとクリップの間にトランジションを設定することもできます。トリミングの必要がないクリップを数多く並べる場合や、静止画のスライドショーを簡単に作成する場合などに非常に便利な機能です。

▶▶方法1　シーケンスへ自動的に並べる

▶▶方法1　シーケンスへ自動的に並べる

01　プロジェクトパネルでクリップを選択する

【選択順に配置する場合】
クリップを選択した順番にシーケンスに配置する場合は、1つ目のクリップを選択したあと、Ctrlキー（Macは⌘キー）を押しながら順番にクリックします。

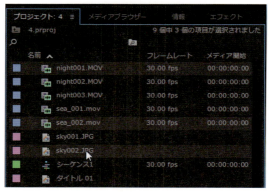

Ctrlキー（Macは⌘キー）を押しながら順番にクリックする

【ソート順に配置する場合】
プロジェクトパネルに並んでいる順番でシーケンスに配置する場合は、選択する順番は関係ありません。必要なクリップをすべて選択します。リスト表示の場合は上から下の順に配置されます。
オート編集は、そのときに並んでいる順番で配置されます。たとえば、名前順でソートされている場合は名前順に、デュレーション順にソートされている場合はデュレーション順に配置されます。

リスト表示は上から下へ配置される

アイコン表示の場合は左上から右下の順に配置されます。またアイコンをドラッグして位置を入れ替えることができます。

アイコン表示は左上から右下へ配置される

02　[シーケンスへオート編集]する

クリップを選択したら、再生ヘッドをシーケンスのクリップを配置したい場所へ移動して、クリップメニューの[シーケンスへオート編集]、またはプロジェクトパネル下部の[シーケンスへオート編集]ボタンをクリックします。

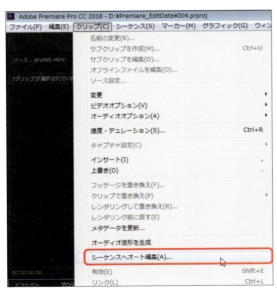

クリップメニューの[シーケンスへオート編集]をクリック

プロジェクトパネル下部の[シーケンスへオート編集]ボタンをクリック

105

03 縦横比率の固定と解除

［シーケンスへオート編集］画面が表示されます。設定後、OKをクリックすると、クリップがシーケンスに自動的に配置されます。

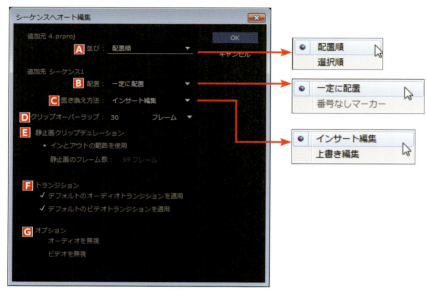

［シーケンスへオート編集］設定画面

【［シーケンスへオート編集］各項目の詳細】

A 並び：［配置順］と［選択順］から配置方法を選択する

B 配置：［一定に配置］と［番号なしマーカー］から並べ方を選択する
　　　［番号なしマーカー］はシーケンスにあらかじめマーカーを指定している場合に選択可能

C 置き換え方法：［インサート編集］と［上書き編集］から編集方法を選択する
　　　（配置するシーケンスの再生ヘッドの位置にクリップがある場合の編集方法）

D クリップオーバーラップ：クリップ間にトランジションを設定した場合の時間を設定する
　　　30フレームの場合は前のクリップの15フレームと後ろのクリップの15フレームが使用される（［デフォルトのオーディオトランジションを適用］［デフォルトのビデオトランジションを適用］がオンになっている場合に選択可能）

E 静止画クリップデュレーション：静止画の継続時間を［インとアウトの範囲を使用］と［静止画のフレーム数］から選択して設定する

F トランジション：［デフォルトのオーディオトランジションを適用］［デフォルトのビデオトランジションを適用］にチェックを入れてオンにすると、［クリップオーバーラップ］で設定した値でビデオ、オーディオにトランジションが挿入される

G オプション：［オーディオを無視］［ビデオを無視］それぞれチェックをオンにすると、ビデオのみ、オーディオのみのシーケンス配置になる

シーケンスに自動的にクリップが配置された

036 便利な編集機能

クリップ同士の隙間を埋める

タイムラインで編集中に、クリップとクリップの間に隙間ができてしまうことがあります。この隙間を［リップル削除］機能、またはdeleteキーで削除して埋めます。隙間を埋めると、以降のクリップがすべて隙間の分だけ前に移動します。

▶▶方法1　［リップル削除］を使う

▶▶方法2　deleteキーを使う

▶▶方法1　［リップル削除］を使う

クリップ間の隙間を右クリック（Macはcontrolキー＋クリック）して、［リップル削除］を選択します。クリップ間の隙間が削除され、後ろのクリップが前に詰められます。または、編集メニューの［リップル削除］を選択します。

クリップ間にできた隙間

編集メニューの［リップル削除］

隙間を右クリック（Macはcontrolキー＋クリック）して［リップル削除］を選択する

隙間が削除され、後ろのクリップが前に詰められる

▶▶方法2　deleteキーを使う

クリップ間の隙間をクリックして、選択状態（白く反転）にします。キーボードのdeleteキーを押して削除します。後ろのクリップが前に詰められます。

隙間を選択する

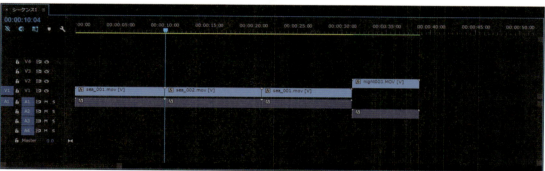

deleteキーで削除する

037　便利な編集機能

クリップを分割する

継続時間の長いクリップは［レーザーツール］で分割して編集すると便利です。クリップの端をドラッグするトリミングの代わりに、開始したい点や終了したい点で分割して必要のない部分を削除できます。クリップの途中の必要のない部分だけを切り取りたい場合にも使いやすいツールです。

▶▶方法1　［レーザーツール］で分割する

▶▶方法1　［レーザーツール］で分割する

01　1つのクリップを分割する

ツールバーで［レーザーツール］をクリックして選択します。シーケンスのクリップ上で、分割したい時点でクリックします。クリップが分割されます。［レーザーツール］は再生ヘッドにスナップするので、あらかじめ分割時点に再生ヘッドを移動しておくとよいでしょう。

［レーザーツール］

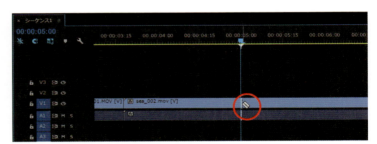

クリップの上でクリックする

クリップが分割された

02 すべてのトラックでクリップを分割する

すべてのトラックを同じ位置で分割する場合は、分割位置に再生ヘッドを移動させ、shiftキーを押しながらクリックします。shiftキーを押すと、カーソルがかみそり2枚のアイコンに変化します。

shiftキーを押す　　　　カーソルを合わせるとラインが自動的に表示される

すべてのトラックでクリップが分割された

03 ビデオクリップ／オーディオクリップのみ分割する

オーディオとビデオがリンクされているクリップを[レーザーツール]で分割すると、自動的にどちらのクリップも分割されます。ビデオクリップ、またはオーディオクリップのみ分割したい場合は、Altキー（Macではoptionキー）を押しながらクリックします。

Altキー（Macではoptionキー）を押す

リンクされているクリップの片方だけが分割される

038 便利な編集機能

クリップの編集点を変える

連続して配置されているクリップ間で、クリップが切り替わる編集点を変更します。[リップルツール] は選択したクリップのインポイントまたはアウトポイントの時点を変更し、[ローリングツール] は前のクリップのアウトポイントと後ろのクリップのインポイントを同時に変更します。

▶▶方法1 　[リップルツール] で編集点を変える
▶▶方法2 　[ローリングツール] で編集点を変える
▶▶方法3 　トリミングモニターで編集点を変える

▶▶方法1 [リップルツール] で編集点を変える

01 リップルツールでインポイント、アウトポイントをクリックする

ツールバーの [リップルツール] をクリックして選択します。編集点を変更したいクリップの、インポイント、またはアウトポイントをクリックして選択します。クリップの端が黄色い [リップルインアイコン] [リップルアウトアイコン] に変化します。

リップルツール

アウトポイントをクリックする

リップルアウトアイコンに変化する

111

02 インポイント、アウトポイントをドラッグする

アイコンを左右にドラッグして、編集点を変更します。前後のクリップには影響はなくドラッグした分だけ伸縮したことになるので、全体の映像の長さが変更されることになります。

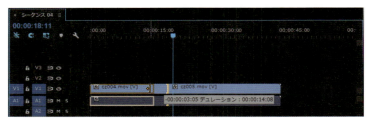

アイコンをドラッグする

編集点が変更され、全体の長さもドラッグした分変更される

▶▶方法2　[ローリングツール]で編集点を変える

01 [ローリングツール]でクリップ間をクリックする

ツールバーの[ローリングツール]をクリックして選択します。編集点を変更したいクリップ間をクリックして選択します。クリップ間のそれぞれのクリップの端が赤い[ローリングアイコン]に変化します。

[ローリングツール]は[リップルツール]を長押しして表示する

クリップ間をクリックする

ローリングアイコンに変化する

02 クリップ間をドラッグする

アイコンを左右にドラッグして、編集点を変更します。前のクリップのアウトポイントと後ろのクリップのインポイントが同時に変更されるので、全体の映像の長さは変わりません。

アイコンをドラッグする

編集点が変更されるが、全体の長さは変わらない

▶▶方法3　トリミングモニターで編集点を変える

[リップルツール]または[ローリングツール]で変更したい編集点の周囲をドラッグして囲みます。プログラムモニターにトリミングモニターが表示され、画面上で編集点を変更することができるようになります。

リップル／ローリングツールでドラッグする

トリミングモニターが表示される

113

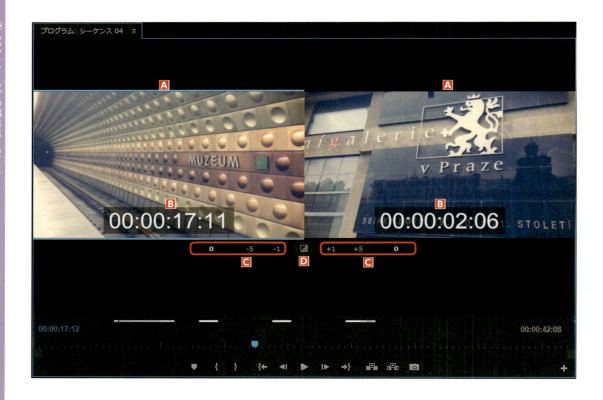

【トリミングモニター画面】
A クリップ画像：
　左の画像、または右の画像の上で左右にドラッグすると[リップルツール]として編集点を移動できる
　左右の画像の間にカーソルを合わせてドラッグすると[ローリングツール]として編集点を移動できる
B アウトのシフトフレーム／インのシフトフレーム：
　変更したフレーム数をそれぞれ表示する
C トリミングボタン[-5] [-1] [+5] [+1]：
　前のクリップのアウトポイントを-5フレーム、-1フレーム、+5フレーム、+1フレーム ごとに変更する
D 選択項目にデフォルトのトランジションを適用：
　前後のクリップ間にトランジションが適用される

クリップ画像の左右でドラッグするとリップルツールの効果　　　　　クリップ画像の間でドラッグするとローリングツールの効果

039 便利な編集機能

クリップの中の使用する場所を変える

[スリップツール]を使って、シーケンスに配置したクリップの再生時間を変えずに、再生開始時点（インポイント）と再生終了時点（アウトポイント）を同時に変更します。前後のクリップには影響はありません。なお、トリミングされていない（クリップに余分な再生時間がない）クリップには使用できません。

▶▶方法1　[スリップツール]を使う

▶▶方法1　[スリップツール]を使う

ツールバーの[スリップツール]をクリックして選択します。使用する場所を変えたいクリップの上で、カーソルを左右にドラッグします。遅い時間から使用したい場合は左へドラッグ、早い時間から使用したい場合は右へドラッグします。クリップの中で使用場所が移動します。

スリップツール

クリップの上でドラッグする

使用する場所は、プログラムモニターで確認できます。

プログラムモニターで確認する

【プログラムモニター】
A 左上
　1つ前のクリップの最後の場面（アウトポイント）
B 右上
　1つ後ろのクリップの最初の場面（インポイント）
C 左側
　クリップの最初の場面（インポイント）
D 右側　クリップの最後の場面（アウトポイント）

040　便利な編集機能

クリップが再生されるタイミングを変える

［スライドツール］を使って、シーケンスに配置したクリップの再生時間を変えずに、シーケンス内での再生のタイミングを変更します。クリップが再生されるタイミングを変更した分だけ、前のクリップはアウトポイントが変化し、後ろのクリップはインポイントが変化して上書きされるので、全体の再生時間は変化しません。

▶▶方法1　［スライドツール］を使う

▶▶方法1　［スライドツール］を使う

ツールバーの［スライドツール］をクリックして選択します。再生されるタイミングを変えたいクリップの上で、カーソルを左右にドラッグします。シーケンス内の早い時間から再生したい場合は左へドラッグ、遅い時間から使用したい場合は右へドラッグします。前後のクリップのアウトポイント、インポイントが変化します。

［スライドツール］は［スリップツール］を長押しして表示する

クリップを左右にドラッグする

使用する場所は、プログラムモニターで確認できます。

プログラムモニターで確認する

【プログラムモニター】
A 左上
　クリップの最初の場面（インポイント）
B 右上
　クリップの最後の場面（アウトポイント）
C 左側
　1つ前のクリップの最後の場面（アウトポイント）
D 右側
　1つ後ろのクリップの最初の場面（インポイント）

041 便利な編集機能

クリップの必要な部分だけ切り出す

プロジェクトパネルに読み込んだクリップから、使用する場面だけをサブクリップとして複数切り出します。サブクリップは、1つのクリップから複数作成することができるので、長いクリップを細かく編集する場合などに使用すると便利です。サブクリップは元のクリップ（マスタークリップ）とリンクしているので、元のクリップを削除するとリンクが解除されて使用できなくなります。サブクリップを独立したマスタークリップとして変換することもできます。

▶▶方法1　［サブクリップを作成］を使う

▶▶方法1　［サブクリップを作成］を使う

01　元のクリップをソースモニターに表示する

プロジェクトパネルで切り出したいクリップをダブルクリックして、ソースモニターに表示します。

クリップをダブルクリック

ソースモニターに表示される

119

02 インポイントとアウトポイントを指定する

インポイントとアウトポイントを指定して、切り出す長さを設定します。または、クリップをシーケンスに配置してトリミングします。

ソースモニターでインポイントを設定する

ソースモニターでアウトポイントを設定する

シーケンスでトリミングする

03 サブクリップに指定する

切り出す長さに設定したクリップを表示（ソースモニター）／選択（タイムライン）した状態で、クリップメニューの[サブクリップを作成]を選択します。[サブクリップを作成]ダイアログボックスが表示されるので、わかりやすい名前を付けます。
[トリミングをサブクリップの境界に制限]をオンにすると、サブクリップは指定した長さ以上に引き延ばせなくなります。OKをクリックしてサブクリップを作成します。

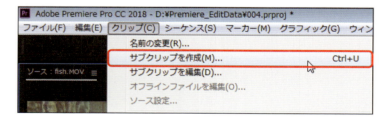

[サブクリップを作成]ダイアログボックス

04 サブクリップを確認する

作成されたサブクリップを確認します。プロジェクトパネルに自動的に読み込まれたサブクリップは、サブクリップアイコンで表示されます。シーケンスに配置すると、[トリミングをサブクリップの境界に制限]がオンになっている場合はトリミングした時点でクリップが切り取られています。

プロジェクトパネルに読み込まれたサブクリップ

シーケンスに配置されたサブクリップ

05 サブクリップを編集する

切り出したサブクリップをプロジェクトパネルで選択して、クリップメニューの[サブクリップを編集]をクリックします。

クリップメニューの[サブクリップを編集]を選択する

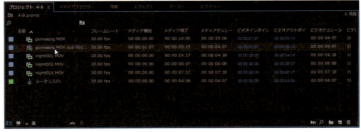

サブクリップを選択する

121

［サブクリップを編集画面］が表示されます。ここでクリップの開始時間や終了時間などの設定をおこないます。

【サブクリップを編集画面】
●マスタークリップ
A 開始／終了／デュレーション
　サブクリップを切り出した元のクリップの開始と終了のタイムコード、継続時間を確認する

●サブクリップ
B 開始／終了
　元のクリップから切り出した開始点と終了点のタイムコードをドラッグして編集する
C シフト（開始）／シフト（終了）
　［サブクリップを編集］メニューで変更した時間差を表示する
D デュレーション
　サブクリップの継続時間
E トリミングをサブクリップの境界に制限
　オンにすると設定した時間以上にサブクリップを延ばすことができなくなる
F マスタークリップに変換
　オンにすると、サブクリップと元のマスタークリップとのリンクが解除され、独立したクリップに変換される

042 便利な編集機能

複数のクリップを1つにまとめる

複数のクリップを1つに繋げて1つのシーケンス（ネスト化したシーケンス）として編集します。すでに編集された複数のクリップをまとめることで、クリップの移動やエフェクトの適用が簡単になります。また、ほかのシーケンスで同じ複数のクリップの編集結果を使いたい場合にも、簡単に読み込んで使用することができます。

▶▶方法1　ネスト化する

▶▶方法1　ネスト化する

01　隣り合う複数のクリップを選択する

シーケンスにクリップを配置して、ドラッグしながら隣り合う複数のクリップを同時に選択します。

シーケンスにクリップを配置する

ドラッグして複数のクリップを選択する

123

02 クリップメニューの[ネスト]を選択する

クリップメニューの[ネスト]、または、クリップを右クリック（Macはcontrolキー＋クリック）で[ネスト]を選択します。[ネストされたシーケンス名]が表示されるので、名前を付けてOKをクリックします。

ネストされたシーケンス名を付ける

クリップメニューの[ネスト]を選択する

03 シーケンスがネスト化される

クリップがネスト化されたシーケンスに変化して、1つにまとまります。プロジェクトパネルには、新しいシーケンスとして読み込まれます。
ネスト化されたシーケンスをプロジェクトパネルかタイムラインでダブルクリックすると、元の複数のクリップが配置された状態で表示されます。

クリップがネスト化される

プロジェクトパネルに読み込まれる

ダブルクリックすると元の複数のクリップが表示される

043　便利な編集機能

マーカーをつける

クリップやシーケンスにタイミングの目印となるマーカーをつけます。マーカーは、シーケンスに配置する前のクリップ単体と、シーケンスにそれぞれつける事ができます。マーカーには、名前やコメント、色、チャプターマーカー、Flashキューポイントなどの設定があります。

- ▶▶方法1　[マーカーを追加]ボタンを使う
- ▶▶方法2　マーカーを編集する
- ▶▶方法3　マーカーを削除する

▶▶方法1　[マーカーを追加]ボタンを使う

01　クリップマーカーを追加する

プロジェクトパネルのクリップをダブルクリックして、ソースモニターに表示します。マーカーをつけたい場所へ再生ヘッドを移動して、ソースモニターの[マーカーを追加]ボタンをクリックします。マーカーが追加されました。

プロジェクトパネルでクリップをダブルクリックする

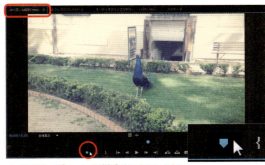

ソースモニターで[マーカーを追加]ボタンをクリックする

⬇

クリップにマーカーが追加された

02 シーケンスマーカーを追加する

シーケンスを開いて、マーカーをつけたい場所へ再生ヘッドを移動してプログラムモニターの[マーカーを追加]ボタンをクリックします。シーケンスにクリップが配置されていなくても、マーカーをつけることができます。

シーケンスを開く

プログラムモニターで[マーカーを追加]ボタンをクリックする

シーケンスにマーカーが追加された

▶▶方法2　マーカーを編集する

01 マーカーの設定をおこなう

プロジェクトパネルで、マーカーをつけたクリップまたはシーケンスを選択します。マーカーパネルを開いて、マーカーの名前とコメントを入力します。

プロジェクトパネルでマーカーをつけたクリップを選択する

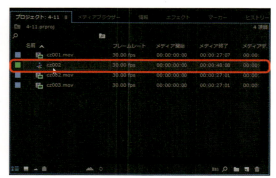

プロジェクトパネルでマーカーをつけたシーケンスを選択する

マーカーパネルで名前とコメントを入力する

詳しい設定をおこなう場合は、クリップ、シーケンスのマーカー本体、またはマーカーパネルでマーカーをダブルクリックしてマーカー設定画面で設定します。

【マーカー設定画面】
A 名前
　マーカーの名前を入力する
B 時間・デュレーション
　マーカーの時間と継続時間を設定する
C コメント
　マーカーのコメントを入力する
D 前へ・次へ
　1つ前・1つ後ろのマーカー設定へ移動する

●オプション
E マーカーの色
　マーカーの色を設定する
F マーカーの種類
　［コメントマーカー］［チャプターマーカー］
　［セグメンテーションマーカー］［Webリンク］
　［Flashキューポイント］から選択する

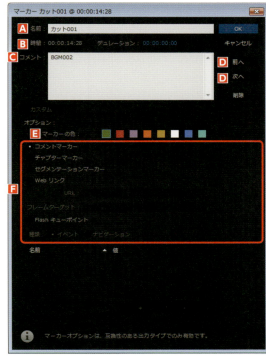

マーカー設定画面

02　マーカーを移動する

マーカーの指定時間を変更するには、クリップマーカーはソースモニター、シーケンスマーカーはプログラムモニターまたはタイムラインでマーカーをドラッグします。

ソースモニターでマーカーをドラッグする

プログラムモニターでマーカーをドラッグする

シーケンスでマーカーをドラッグする

▶▶方法3　マーカーを削除する

必要のないマーカーを削除する場合は、クリップマーカーはソースモニター、シーケンスマーカーはプロジェクトモニターまたはタイムラインパネルでマーカーを右クリック（Macはcontrolキー＋クリック）して［選択したマーカーを消去］または［すべてのマーカーを消去］を選択します。ソースモニター、プログラムモニターのどちらかを選択した状態でマーカーメニューの［選択したマーカーを消去］または［すべてのマーカーを消去］からも選択できます。

ソースモニターでマーカーを右クリック（Macはcontrolキー＋クリック）する

マーカーメニューの［選択したマーカーを削除］、または［すべてのマーカーを削除］を選択する

044 便利な編集機能
複数カメラで撮影したクリップを編集する

複数のカメラで同時に撮影したクリップを再生しながら編集するマルチカメラ機能です。クリップのタイミングの合わせ方は、インポイントやアウトポイントの他に、オーディオで自動的に合わせる方法と、マーカーを指定して合わせる方法があります。

- ▶▶準備　マルチカメラ編集の準備
- ▶▶方法1　マルチカメラソースシーケンスを作成する
- ▶▶方法2　マルチカメラソースシーケンスを確認する
- ▶▶方法3　マルチカメラ編集をおこなう

▶▶準備　マルチカメラ編集の準備

複数カメラで撮影したクリップの撮影開始時点や終了時点がそろっていない場合は、オーディオの波形など、目安になる時点にマーカーを指定して、タイミングをそろえておきます。

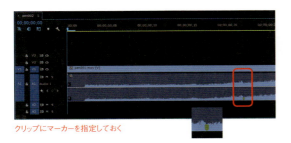
クリップにマーカーを指定しておく

▶▶方法1　マルチカメラソースシーケンスを作成する

マルチカメラ編集をおこなうクリップをすべて選択します。クリップメニューの[マルチカメラソースシーケンスを作成]、または右クリック（Macはcontrolキー＋クリック）で[マルチカメラソースシーケンスを作成]を選択します。

マルチカメラ編集に使用するクリップをすべて選択する

クリップメニューの[マルチカメラソースシーケンスを作成]

129

マルチカメラソースシーケンスを作成画面が表示されるので、設定をおこない、OKボタンをクリックします。

【画面の各項目】
A シーケンス名
　［ビデオクリップ名+］［オーディオクリップ名+］［カスタム］から作成するシーケンス名を選択する
　右側の［マルチカメラ］部分は自由に名称を入力できる
B 同期ポイント
　複数のクリップを同期させる方法を［インポイント］［アウトポイント］［タイムコード］［サウンドのタイムコード］［クリップマーカー］［オーディオ］から選択する
C シーケンスプリセット
　シーケンスの形式を選択する
D ソースクリップを処理済みのクリップビンに移動：
　オンにするとマルチカメラソースシーケンス作成に使用したクリップをビンに収納する
E オーディオ
　シーケンス設定：再生するオーディオを［カメラ1］［すべてのカメラ］［オーディオを切り替え］から選択する
F オーディオチャンネルプリセット
　オーディオプリセットを［自動］［モノラル］［ステレオ］［5.1］［アダプティブ］から選択する
G カメラ名
シーケンスに表示されるカメラ名を選択する

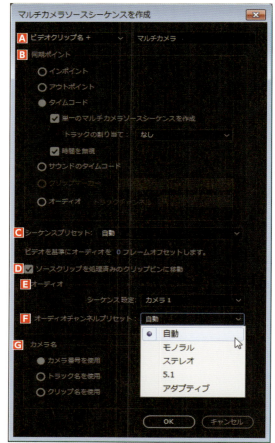

［マルチカメラソースシーケンスを作成］画面

マルチカメラソースシーケンスが作成され、プロジェクトに読み込まれます。

マルチカメラソースシーケンスがプロジェクトパネルに読み込まれる

▶▶方法2　マルチカメラソースシーケンスを確認する

作成された［マルチカメラソースシーケンス］を、Ctrlキー（Macは⌘キー）を押しながらダブルクリックすると、シーケンスの中身を確認することができます。

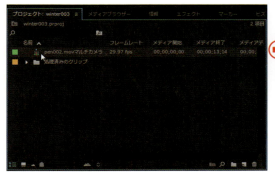

マルチカメラソースシーケンスを、Ctrlキー（Macは⌘キー）を押しながらダブルクリックする

マルチカメラソースシーケンスの中身

▶▶方法3　マルチカメラ編集をおこなう

01　シーケンスをタイムラインに配置する

マルチカメラソースシーケンスをタイムラインパネルにドラッグします。またはマルチカメラソースシーケンスを選択して右クリック（Macはcontrolキー＋クリック）して［クリップに最適なシーケンス］を選択します。

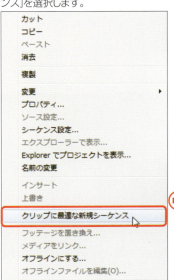

［クリップに最適なシーケンス］を選択する

マルチカメラソースシーケンスをタイムラインパネルにドラッグする

タイムラインに配置された

02 マルチカメラ画面を表示する

プログラムモニターの設定ボタンをクリックして、[マルチカメラ]と[マルチカメラプレビューモニタを表示]をそれぞれオンにします。プログラムモニターにマルチカメラ画面が表示されます。

プログラムモニターの設定ボタン

マルチカメラ1　マルチカメラ2　実際に使われる画面

[マルチカメラ]と[マルチカメラプレビューモニタを表示]をオンにする

---

03 マルチカメラ編集を記録する

左側のマルチカメラプレビューではじめに表示するクリップを選択した状態で、再生ボタンをクリックします。

はじめに表示するクリップを選択して再生ボタンをクリックする

再生中に、マルチカメラプレビューで切り替えたいクリップをクリックすると、マルチカメラ編集として記録されます。

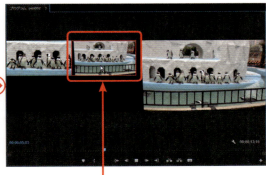

マルチカメラ1の画面を使用している

マルチカメラ2の画面をクリックして切り替える

再生が終了するか、止めたい場所で停止ボタンを押すと、マルチカメラソースシーケンスがそれぞれのクリップに置き換えられます。

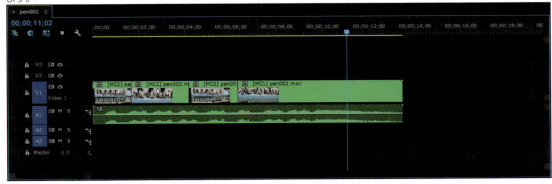

マルチカメラソースシーケンスがそれぞれのクリップに置き換えられる

編集を調整する場合は、ローリングツールでクリップ間をドラッグします。

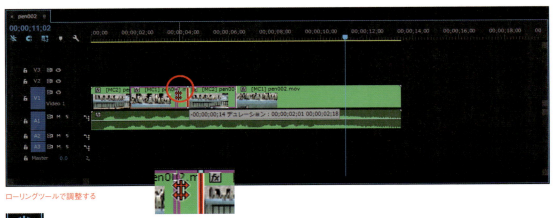

ローリングツールで調整する

ローリングツール

サイズを変える

045 | 素材を変形させる

編集でクリップのサイズを変える方法は、ドラッグして直感的に変形させる方法と数値で正確に変形させる方法の2種類があります。ドラッグによる変形では同時に位置の移動や回転もおこなえ、数値での変形にクリップを間違って動かすことなく変形だけを正確におこなうことができます。

▶▶方法1　ハンドルをドラッグしてサイズを変える
▶▶方法2　数値でサイズを変える

▶▶方法1　ハンドルをドラッグしてサイズを変える

01　ハンドルを表示させる

タイムラインパネルでクリップを選択し、エフェクトコントロールパネルの[モーション]にあるトランスフォームアイコンをクリックします。すると、プログラムモニターに表示されたクリップの四隅と辺の中心に変形用のハンドルが表示されます。

エフェクトコントロールパネルの[モーション]のトランスフォームアイコンをクリックする

プログラムモニターのクリップに変形用のハンドルが表示される

02 ハンドルをドラッグする

どのハンドルをドラッグしてもクリップは中央位置を中心点にして縦横比を固定したまま拡大／縮小します。

ハンドルをドラッグしてクリップを変形させる

03 縦横比の固定と解除

［縦横比を固定］のチェックを外すとクリップの縦と横が別々に変形できます。

［縦横比を固定］のチェックで縦横比の固定と解除をする

04 ハンドルをドラッグする

左右のハンドルをドラッグすると横方向に、上下のハンドルをドラッグすると縦方向にのみ変形します。縦横を自由に変形させる場合は四隅のハンドルをドラッグします。変形が完了したらプログラムモニター以外の部分をクリックしてハンドルの表示を消します。

ハンドルをドラッグして縦と横を別々に変形させる

05 元のサイズに戻すには

ハンドルをドラッグすると、エフェクトコントロールパネルの［スケール］の値が変化します。変形を取り消して元のスケールに戻す場合は、［スケール］の右端にあるリセットアイコンをクリックします。

［スケール］のリセットアイコンをクリックする

▶▶方法2 数値で変形する

01 スライダで［スケール］の数値を変更する

エフェクトコントロールパネルの［スケール］の三角マークをクリックしてスライダを表示します。このスライダをドラッグすると［スケール］の値が変化し、プログラムモニターに表示されたクリップの大きさが変化します。

［スケール］のスライダをドラッグして値を変更する

プログラムモニターのクリップが変形する

02 ［スケール］の数値の上をドラッグする

［スケール］の数字の上を左右にドラッグしても数値が変化し、スライダも連動して動きます。スケールの値は元の画像の大きさに対しての比率（％）になります。

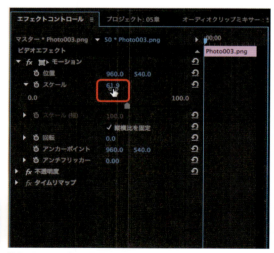

数字の上をドラッグすると数値が上下する

03 [スケール]の数値を直接入力する

スケールの数値を指定する場合は、[スケール]の数字をクリックして入力待機状態にし、その状態でスケールの値を入力します。

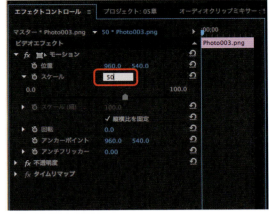

数字をクリックして数値を入力する

04 縦横比率を解除して変形する

[縦横比を固定]のチェックを外すと、[スケール]が[スケール（高さ）]と[スケール（幅）]の2つになります。ここで縦と横を個別に変形させます。

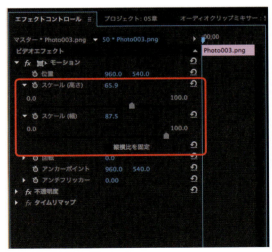

[縦横比を固定]のチェックを外すと[スケール]が縦と横の2つのスライダになる

縦と横の数値を個別に設定できる

046　素材を変形させる

位置を変える

編集でクリップの位置を変える方法は、ドラッグして移動させる方法と座標の数値で移動させる方法の2種類があります。ドラッグによる移動方法では同時に拡大・縮小や回転もおこなえます。数値による移動は垂直／水平方向にのみ移動させる場合に便利です。

▶▶方法1　クリップをドラッグして移動する
▶▶方法2　数値で移動する

▶▶方法1　クリップをドラッグして移動する

01　ドラッグして移動する

タイムラインでクリップを選択し、エフェクトコントロールパネルの[モーション]にあるトランスフォームアイコンをクリックします。すると、プログラムモニターに表示されたクリップの四隅と辺の中心に変形用のハンドルが表示され、クリップがドラッグで移動できるようになります。移動が終わったらプログラムモニター以外の部分をクリックしてハンドルの表示を消します。ハンドルが表示されていない状態ではドラッグできません。

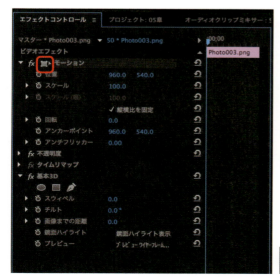

エフェクトコントロールパネルの[モーション]のトランスフォームアイコンをクリックする

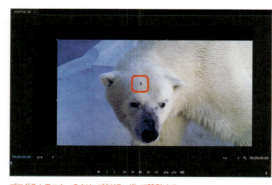

プログラムモニターのクリップをドラッグして移動する

トランスフォームアイコン

02 元の位置に戻すには

クリップをドラッグすると、エフェクトコントロールパネルの[位置]の値が変化します。クリップの移動を取り消して元の位置に戻す場合は、[位置]の右端にあるリセットアイコンをクリックします。

[位置]のリセットアイコンをクリックする

▶▶方法2　数値で移動する

01 [位置]の数値の上をドラッグする

[位置]の値はクリップの中心点の座標で、この数字の上を左右にドラッグすると値が変化し、プログラムモニターのクリップも連動して動きます。左の値を変更すると水平方向に、右の値を変更すると垂直方向に移動します。

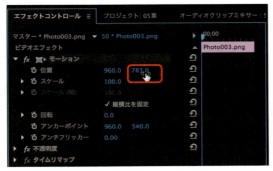

数字の上をドラッグすると数値が上下する

左の値で水平方向、右の値で垂直方向に移動する

02 [位置]の数値を直接入力する

位置の座標を直接指定する場合は、[位置]の数字をクリックして入力待機状態にし、その状態で座標の値を入力します。

数字をクリックして数値を入力する

047　素材を変形させる

回転させる

編集でクリップを回転させる方法は、ドラッグして回転させる方法と角度の数値で回転させる方法の2種類があります。ドラッグによる回転方法では同時に拡大・縮小や移動もおこなえます。数値による回転はダイヤルをドラッグして数値を変更する方法や直接数値を入力する方法などがあります。

▶▶方法1　ドラッグして回転させる
▶▶方法2　数値で回転させる
▶▶方法3　回転の中心を変える

▶▶方法1　ドラッグして回転させる

01　ドラッグして回転させる

タイムラインでクリップを選択し、エフェクトコントロールパネルの[モーション]にあるトランスフォームアイコンをクリックします。すると、プログラムモニターに表示されたクリップの四隅と辺の中心に変形用のハンドルが表示されます。このハンドルの外側にポインタを持っていくとポインタが回転マークに変化します。その状態でドラッグするとクリップが回転します。

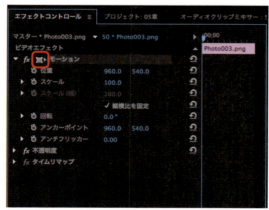

エフェクトコントロールパネルの[モーション]のトランスフォームアイコンをクリックする

プログラムモニターのハンドルの外側をドラッグして回転させる

トランスフォームアイコン

02 元の角度に戻すには

ドラッグして回転させると、エフェクトコントロールパネルの[回転]の値が変化します。クリップの回転を取り消して元の角度に戻す場合は、[回転]の右端にあるリセットアイコンをクリックします。

[回転]のリセットアイコンをクリックする

▶▶方法2　数値で回転させる

01 ダイヤルをドラッグして回転させる

エフェクトコントロールパネルの[回転]の三角マークをクリックしてダイヤルを表示します。このダイヤルをドラッグすると[回転]の値が変化し、プログラムモニターに表示されたクリックが回転します。

[回転]のダイヤルをドラッグして角度を変える

プログラムモニターのクリップが回転する

02 [回転]の数値を変更する

[回転]の数値はクリップの角度です。数字の上をドラッグするか直接入力してこの値を変更するとクリップが回転します。

[回転]の数値を変更して回転させる

▶▶方法3　回転の中心を変える

ハンドルを表示するとクリップの中心に十字マークの円がありますが、これがアンカーポイントです。アンカーポイントはクリップの中心点で、エフェクトコントロールパネルの［アンカーポイント］の値を変更すると中心点の位置が変わります。［アンカーポイント］の座標はクリップ自体に対する位置で、［位置］は画面に対するアンカーポイントの位置です。したがってアンカーポイントの位置を変更すると十字マークの円の位置はそのままにクリップ自体が移動します。最初はわかりづらいですが操作しながらアンカーポイントというものを理解してください。

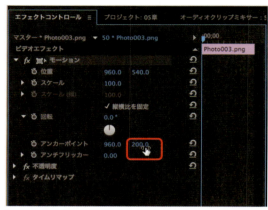

［アンカーポイント］の座標を変更する　　　　　回転の中心点が変わる

> **MEMO**
> **クリップのアンカーポイント**
> アンカーポイントは拡大／縮小の中心点にもなります。たとえばアンカーポイントをクリップの一番下に移動して縮小すると、画面の中央を底辺にして縮まっていきます。

| 048 | 素材を変形させる |

立体的に回転させる

［モーション］の［回転］で平面的に回転させることができますが、奥行きを持って立体的に回転させる場合はビデオエフェクトを使用します。［基本3D］エフェクトはクリップを立体的に回転させ、さらにライトの反射をつけることもできるのでリアルな立体回転をつくることができます。

▶▶方法1　［基本3D］エフェクトで回転させる

▶▶方法1　［基本3D］エフェクトで回転させる

01　［基本3D］を適用する

エフェクトパネルの［ビデオエフェクト］から［遠近］→［基本3D］を選んでタイムラインに配置したクリップに適用します。

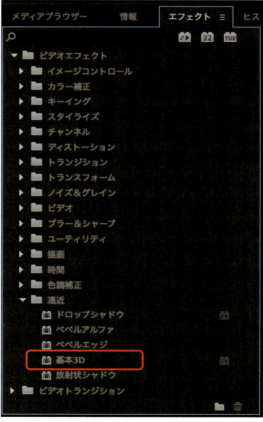

エフェクトパネルの［ビデオエフェクト］から［基本3D］を適用する

02 立体的に回転させる

［基本3D］エフェクトと［モーション］の［回転］を組み合わせてクリップを立体的に回転させます。具体的には［モーション］の［回転］で奥行き方向の軸を中心にした回転、［基本3D］の［スウィベル］で縦軸、［チルト］で横軸を中心にした回転をおこないます。また［画像までの距離］でクリップを前後に移動できるので、これらを組み合わせてクリップを3D空間のように扱うことができます。

［回転］と［基本3D］を組み合わせてクリップの回転設定をおこなう

クリップを立体的に回転させる

03 ライトの反射を加える

［鏡面ハイライト表示］にチェックを入れるとクリップにライトの反射が加わります。このライトは細かい設定はできず一定方向からのみのライトですが、クリップに立体回転のアニメートを加えた時に効果を発揮します。

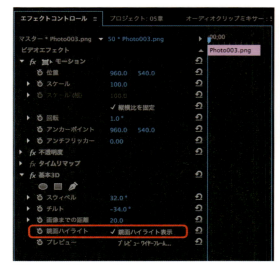

［鏡面ハイライト表示］にチェックを入れる

クリップにライトの反射が加わる

049 素材を変形させる

上下・左右に反転する

クリップを上下や左右に反転させる場合はビデオエフェクトを使用します。[垂直反転]と[水平反転]エフェクトは適用するだけでクリップが反転し、それ以外の設定がない単純なエフェクトです。

▶▶方法1　[垂直反転]エフェクトで垂直に反転する
▶▶方法2　[水平反転]エフェクトで水平に反転する

▶▶方法1　[垂直反転]エフェクトで垂直に反転する

01　[垂直反転]エフェクトをクリップに適用する

エフェクトパネルの[ビデオエフェクト]から[トランスフォーム]→[垂直反転]を選んでタイムラインに配置したクリップに適用します。

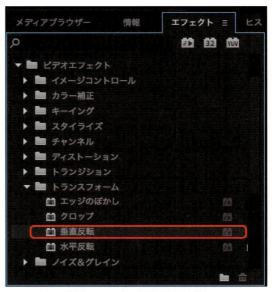

エフェクトパネルの[ビデオエフェクト]から[垂直反転]を適用する

145

02 クリップが垂直に反転する

［垂直反転］エフェクトには設定プロパティがなく、適用するとすぐにクリップが上下に反転します。

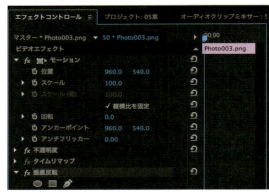

［垂直反転］エフェクトにはプロパティがない

クリップが垂直に反転する

▶▶方法2　［水平反転］エフェクトで水平に反転する

01 ［水平反転］エフェクトをクリップに適用する

エフェクトパネルの［ビデオエフェクト］から［トランスフォーム］→［水平反転］を選んでタイムラインに配置したクリップに適用します。

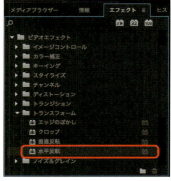

エフェクトパネルの［ビデオエフェクト］から［水平反転］を適用する

02 クリップが水平に反転する

［水平反転］エフェクトには設定プロパティがなく、適用するとすぐにクリップが左右に反転します。

クリップが水平に反転する

050　素材を変形させる

トリミングする

画像や映像素材の画面の一部分だけを編集に使用する場合は、そのクリップをトリミングします。不要な上下左右を切り取って必要な部分だけを全面表示するわけですが、そのためにはビデオエフェクトの[クロップ]エフェクトを適用します。[クロップ]エフェクトでのトリミングは数値とドラッグでおこなえ、切り取り後の拡大処理や境界のぼかしなどの設定もできます。

- ▶▶方法1　[クロップ]エフェクトで上下左右を切り取る
- ▶▶方法2　切り取り終わった部分を全画面に拡大する
- ▶▶方法3　切り取りの境界をぼかす

▶▶方法1　[クロップ]エフェクトで上下左右を切り取る

01　[クロップ]エフェクトをクリップに適用する

エフェクトパネルの[ビデオエフェクト]から[トランスフォーム]→[クロップ]を選んでタイムラインに配置したクリップに適用します。

このクリップをトリミングする

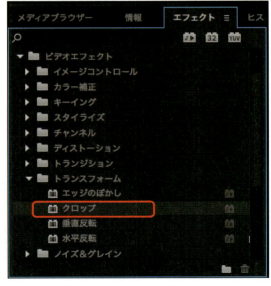

エフェクトパネルの[ビデオエフェクト]から[クロップ]を適用する

02 エフェクトの切り取り設定

プロパティにある［左］［上］［右］［下］は切り取る辺で、数値は画面幅と高さを100％とした切り取る割合（％）です。四辺のいずれかの値を上げるとその辺が切り取られていきます。数値の変更はスライダをドラッグするか、数字の上をドラッグ、あるいは数値を直接入力します。ここではまず［左］と［上］の値を上げてクリップを切り取りました。

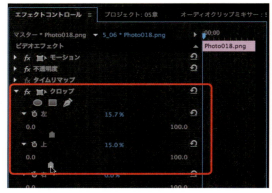

上下左右のスライダをドラッグするか数値を変更する

クリップの四辺が切り取られる

03 ハンドルでクロップする

エフェクトコントロールパネルの［クロップ］にあるトランスフォームアイコンをクリックすると、プログラムモニターに表示されたクリップの四隅と辺の中心に切り取りのハンドルが表示されます。四辺の中心にあるハンドルをドラッグするとその辺が切り取られ、同時にプロパティの値が上がっていきます。四隅のハンドルをドラッグするとそれを角としている二辺が切り取られます。このときshiftキーを押しながらドラッグすると縦横比を固定したまま切り取られます。

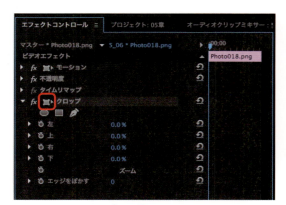

エフェクトコントロールパネルの［クロップ］のトランスフォームアイコンをクリックする

プログラムモニターのハンドルをドラッグして切り取る

トランスフォームアイコン

▶▶方法2　切り取り終わった部分を全画面に拡大する

01　[ズーム]にチェックを入れる

上下左右の不必要な部分を切り取って使用する部分を決める操作をトリミングといいますが、トリミングしたクリップをほかのクリップと同じように全画面に表示して使用する場合は、トリミングした後に[ズーム]にチェックを入れます。

切り取りが完成した状態

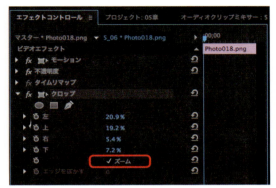

[ズーム]にチェックを入れる

02　切り取り終わった部分が全画面に拡大する

トリミングされた部分が画面いっぱいに拡大されます。ここで気をつけなければいけないのが画面の縦横比です。たとえば[左]と[右]で左右だけを切り取った場合、[ズーム]にチェックを入れて全画面に拡大すると、横に引き伸ばされた画像になります。オリジナルと同じ縦横比で使用したい場合は、プログラムモニターの四隅のハンドルをshiftキーを押しながらドラッグして、縦横比を固定したまま切り取ります。

トリミング後の部分が全画面に拡大する

▶▶方法3　切り取りの境界をぼかす

01　［エッジをぼかす］のスライダを表示させる

全画面に拡大せずにトリミングした状態のまま使用する際、境界をぼかすことができます。［エッジをぼかす］の三角マークをクリックしてスライダを表示させるとプラスとマイナスの両方向あることがわかります。

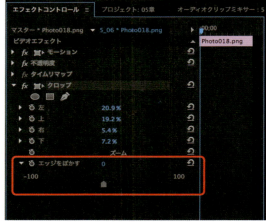

［エッジをぼかす］のスライダで値をプラスとマイナスに変えられることが分かる

02　トリミングの境界をぼかす

スライダをドラッグするか、数字の上をドラッグ、あるいは数値を直接入力して［エッジをぼかす］の値を変えると、トリミングの境界がぼけます。値はボケの量で、プラスにすると境界の外方向にボケ足が伸び、マイナスにすると境界の内側にボケ足が伸びていきます。

［エッジをぼかす］の値を変えてトリミングの境界をぼかす

051　素材を変形させる

歪ませる

クリップを歪ませる場合は[コーナーピン]エフェクトを使用します。このエフェクトで四隅の位置を変えてクリップを歪ませるわけですが、操作方法は四隅をドラッグする方法と四隅の座標で変える方法の2種類があります。

▶▶方法1　[コーナーピン]エフェクトで歪ませる

▶▶方法1　[コーナーピン]エフェクトで歪ませる

01　[コーナーピン]エフェクトをクリップに適用する

エフェクトパネルの[ビデオエフェクト]から[ディストーション]→[コーナーピン]を選んでタイムラインに配置したクリップに適用します。

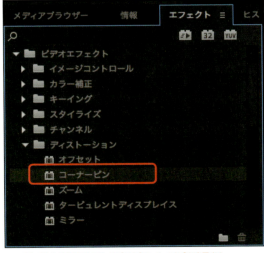

エフェクトパネルの[ビデオエフェクト]から[コーナーピン]を適用する

151

02 四隅の座標で歪ませる

プロパティの［左上］［右上］［左下］［右下］はそれぞれ四隅の座標です。これらの数値を数字上のドラッグ、あるいは数値を直接入力して変更すると、クリップの四隅の位置が移動し、クリップが歪みます。座標数値による変更のメリットは四隅を正確に移動することができる点にあり、クリップを平行四辺形にする場合などに有効です。

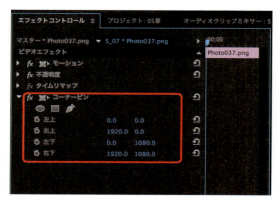

四隅の座標が表示されているのでこの値を変更する

四隅の位置が移動してクリップが歪む

03 ハンドルをドラッグする

エフェクトコントロールパネルの［コーナーピン］にあるトランスフォームアイコンをクリックすると、プログラムモニターに表示されたクリップの四隅にハンドルが表示されます。このハンドルをドラッグすると四隅の位置が移動し、同時にドラッグした頂点のプロパティの値が変わります。shiftキーを押しながらドラッグすると四隅が水平／垂直に移動します。

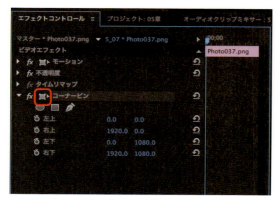

エフェクトコントロールパネルの［コーナーピン］のトランスフォームアイコンをクリックする

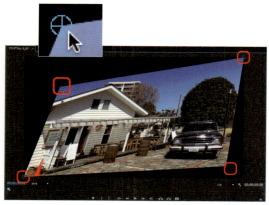

プログラムモニターのハンドルをドラッグして四隅を移動する

トランスフォームアイコン

052　素材を変形させる

動きを加える

クリップに移動や回転などの動きを加える場合はそのクリップの位置や角度といったプロパティにキーフレームを設定します。ここではクリップに移動の動きをつける方法を例にキーフレームの説明をします。さらに後の項目では、曲線の動きにする方法と、動きの速度を変化させる方法も説明します。

▶▶方法1　キーフレームで動きを加える
▶▶方法2　動きのタイミングを変更する
▶▶方法3　動きを取り消す

▶▶方法1　キーフレームで動きを加える

01　[位置]のアニメーションをオンにする

クリップに移動の動きをつけるために、まず、動き始めるフレームに再生ヘッドを移動しておきます。次に、エフェクトコントロールパネルの[モーション]にある[位置]の左のストップウォッチマークをクリックして、位置のアニメーションをオンにします。そうすると再生ヘッドのフレームに[位置]のキーフレームが設定されます。

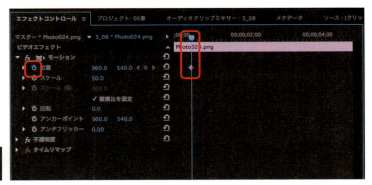

[位置]のストップウォッチマークをクリックしてアニメーションをオンにする

02 クリップの位置を動きのスタート地点に移動させる

エフェクトコントロールパネルの[モーション]にあるトランスフォームアイコンをクリックすると、プログラムモニターに表示されたクリップにハンドルが表示されます。その状態でクリップをドラッグして動きのスタート地点に移動させます。ここでは移動の動きをつけるためにあらかじめクリップのサイズを50%にしてあります。

[モーション]のトランスフォームアイコンをクリックする　　　プログラムモニターでクリップの位置を動きのスタート地点にドラッグする

03 動き終了のキーフレームを設定する

再生ヘッドを動きの終了フレームに移動し、クリップの位置を動きの終了地点にドラッグします。すると[位置]のキーフレームが自動的に設定され、移動の動きが完成します。動きの開始と終了のアンカーポイントを結ぶ点線が動きの軌跡です。ほかのフレームでクリップを移動すると新たなキーフレームが設定されます。

クリップを動きの終了地点にドラッグする　　　[位置]のキーフレームが自動的に設定される

04 動きをプレビューする

再生すると[位置]のキーフレームで設定した動きでクリップが移動します。

 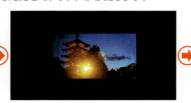 

移動の動きが完成した

▶▶方法2　動きのタイミングを変更する

動きの開始や終了のタイミングを変える場合は、[位置]のキーフレームをドラッグしてフレームを変更します。この方法で動きの速度を変更することもできます。終了のキーフレームを左にドラッグすると速度が速くなり、右にドラッグすると速度が遅くなります。

[位置]のキーフレームをドラッグして動きのタイミングを変更する

▶▶方法3　動きを取り消す

01　[位置]のストップウォッチマークを再度クリックしてアニメーションをオフにする

動きの設定を取り消すために、[位置]のストップウォッチマークを再度クリックします。キーフレームが消去される警告が現れるので[OK]をクリックします。

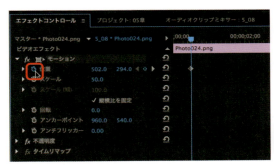

[位置]のストップウォッチマークを再度クリックする

警告が表示されるので[OK]をクリックする

02　[位置]のキーフレームが消える

[位置]のキーフレームが消えて、現在再生ヘッドがあるフレームのクリップ位置で静止します。

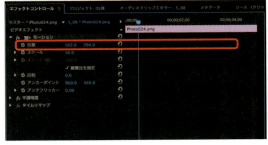

[位置]のキーフレームが消える

クリップが再生ヘッドのある位置で静止する

053　素材を変形させる

曲線の動きにする

クリップに曲線の動きをつける場合はまず直線の動きを設定し、次にプログラムモニターに表示されているキーフレームを操作して動きの軌跡を曲線にします。

▶▶方法1　ベジェハンドルで曲線の軌跡を描く

▶▶方法1　ベジェハンドルで曲線の軌跡を描く

01　直線の動きを設定する

「052:動きを加える」の操作方法で直線の動きを設定します。プログラムモニターにはクリップの軌跡が点線で表示されています。

直線の動きを設定すると動きの軌跡が点線で表示される

02　キーフレームのベジェハンドルをドラッグする

動きのキーフレームからはベジェハンドルが伸びています。軌跡の点線上にあるのでわかりづらいですが、ベジェハンドルの上にポインタを持っていくとポインタが丸のついた矢印に変化します。その状態でドラッグするとベジェハンドルが移動します。

キーフレームのベジェハンドルをドラッグして軌跡を曲線にする

03 開始と終了のベジェハンドルで曲線を描く

動きの開始と終了のキーフレームのベジェハンドルを操作して軌跡を曲線にします。

動きの開始と終了のベジェハンドルを操作して曲線の軌跡を描く

04 動きをプレビューする

これでクリップが曲線で移動するようになりました。

曲線の動きが完成した

054　素材を変形させる

動きの速度を変化させる

動きの速度は初期設定では等速ですが、これを変化させることができます。具体的には、ゆっくり動き始める、またはゆっくり止まる、といった動きです。

▶▶方法1　キーフレームを[イーズイン]／[アウト]にする

▶▶方法1　キーフレームを[イーズイン]／[アウト]にする

01　直線の動きを設定する

「052:動きを加える」の操作方法で直線の動きを設定します。プログラムモニターにはクリップの軌跡が点線で表示されています。

直線の動きを設定すると動きの軌跡が点線で表示される

02　右クリックメニューで[イーズイン]／[アウト]を選ぶ

エフェクトコントロールパネルの[位置]のキーフレームを右クリック（Macではcontrolキー+クリック）し、メニューから[時間補間法]→[イーズイン]もしくは[イーズアウト]を選びます。[イーズイン]はそのキーフレームでゆっくり止まる設定で、[イーズアウト]はそのキーフレームからゆっくり動き始める設定です。ここでは動きの終了キーフレームを[イーズイン]にしてみます。

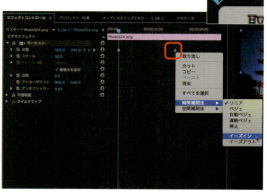

キーフレームを右クリックしてメニューからイーズインを選ぶ

03 軌跡が変化する

動きの終了キーフレームが[イーズイン]になり、キーフレームのひし形マークが変化します。プログラムモニターの軌跡を見ると、点線の間隔が終了キーフレームに近づくにつれて狭くなっていくのがわかります。これはクリップがゆっくり止まることを表しています。

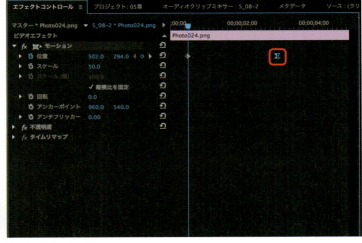

キーフレームのマークが変化する

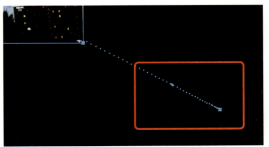

軌跡の点線間隔が変化している

04 等速に戻す

動きを等速に戻す場合は、[イーズイン]や[イーズアウト]にしたキーフレームを右クリックして[時間補間法]→[リニア]を選びます。そうするとキーフレームのマークが元のひし形に戻り、動きが等速になります。

キーフレームを右クリックしてメニューから[リニア]を選ぶ

055　素材を変形させる

再生速度を変える

クリップの再生速度を変更してスローモーションにしたり早送りにすることができます。速度を変更するとそれに応じてクリップの長さも変化します。スローにすると長くなり速くすると短くなるわけですが、その速度と長さの関係を利用するのがレート調整ツールです。

▶▶方法1　右クリックメニューで速度を変更する
▶▶方法2　ラバーバンドで速度を変更する
▶▶方法3　[レート調整ツール]で速度を変更する

▶▶方法1　右クリックメニューで速度を変更する

01　右クリックで[速度・デュレーション]を選ぶ

タイムラインに配置したクリップを右クリック（Macではcontrolキー+クリック）し、メニューから[速度・デュレーション]を選びます。[デュレーション]とはクリップの長さのことです。ここではデュレーションを4秒にしてあります。

クリップを右クリックして[速度・デュレーション]を選ぶ

02　[クリップ速度・デュレーション]で速度を設定する

[クリップ速度・デュレーション]が表示されるので、[速度]もしくは[デュレーション]の数値を変更してクリップの再生速度を変更します。数値の変更は数字の上をドラッグするか数値を直接入力しておこないます。[速度]の数値を変更するとそれと連動して[デュレーション]の数値も変わります。ここでは再生速度を倍速にするために[速度]を「200%」にしました。それに応じて[デュレーション]も半分の「2秒」になります。

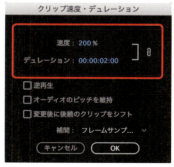

[クリップ速度・デュレーション]で速度の数値を変更する

160

03 速度変更に応じたそのほかの設定

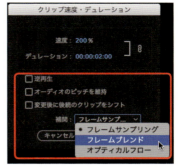

「クリップ速度・デュレーション」の速度変更に応じた4つの設定

[クリップ速度・デュレーション]には速度変更に応じた設定が4つあります。[逆再生]にチェックを入れるとクリップが逆再生します。[オーディオのピッチを維持]は、速度に応じて音が高くなったり低くなったりするのを防ぎます。[変更後に後続のクリップをシフト]は、並んでいる途中のクリップの速度を変更して長さを変えると、それに応じて後ろのクリップが前後に移動します。通常は速度を速くすると長さが短くなり後ろのクリップとの間に隙間が生じますが、[変更後に後続のクリップをシフト]にチェックを入れると、後ろのクリップが前に移動して隙間が生じるのを防ぎます。

[補間]はスローモーションにした場合のフレーム補間方法です。例えば速度を50%にして再生するフレーム数を2倍にした場合、[フレームサンプリング]では同じフレームを2回再生し、[フレームブレンド]では増えた分のフレームを前後のフレームを半透明で重ねて生成します。最後の[オプティカルフロー]は前後のフレームを元にして中間の画像を自動生成する高度な補間方法です。

04 変更後の速度が表示されクリップの長さが変わる

[速度]の数値を変更して[OK]をクリックすると、クリップの再生速度に応じてタイムラインのクリップの長さも変わります。ここでは[速度]を「200%」にしたので、それに応じてクリップの長さが半分になっています。またクリップの名称の右に変更後の速度が表示されます。

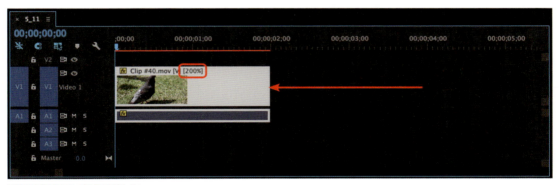

速度が表示されクリップの長さが変わる

> **MEMO**
> **デュレーションを指定する速度変更**
> 速度を変更する操作で、変更後のデュレーションが重要になる場合もあります。そのときは[デュレーション]に変更後のデュレーションを入力します。そうすると[速度]が連動して変化します。

▶▶方法2　ラバーバンドで速度を変更する

01　エフェクトコントロールパネルで速度のラバーバンドを表示する

エフェクトコントロールパネルの[タイムリマップ]の三角マークをクリックして開き、続けて[速度]の三角マークでクリップの速度を示す「ラバーバンド」と呼ばれるラインを表示させます。

エフェクトコントロールパネルで速度のラバーバンドを表示する

02　ラバーバンドを上下にドラッグして速度を変える

ラバーバンド上にカーソルを合わせると、ポインタが変化するので、その状態で上下にドラッグするとクリップの速度が変化します。ドラッグに応じてプロパティの数値が変化します。上にドラッグすると速く、下にドラッグすると遅くなります。

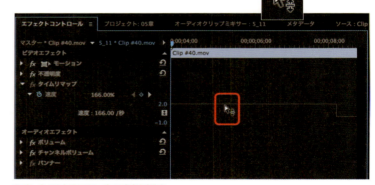

ラバーバンドを上下にドラッグして速度を変える

03　タイムラインパネルで速度のラバーバンドを表示する

タイムラインパネルでも速度のラバーバンドを操作できます。方法はタイムラインに配置したクリップのビデオトラック部分を右クリックし、メニューの[クリップキーフレームを表示]から[タイムリマップ]→[速度]を選びます。これでクリップ上に速度のラバーバンドが表示されます。

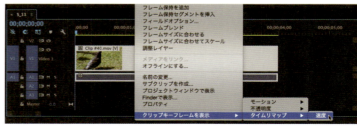

右クリックメニューの[クリップキーフレームを表示]から[タイムリマップ]→[速度]を選ぶ

04 ラバーバンドを上下にドラッグして速度を変える

エフェクトコントロールパネルのときと同様、ラバーバンドの上でポインタが変化するので、その状態で上下にドラッグするとクリップの速度が変化します。ドラッグしている間、変更後の速度が表示されるのでその数値を見ながらドラッグします。このときshiftキーを押しながらドラッグすると値が5%ずつ変化します。

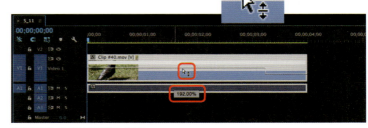

速度のラバーバンドを上下にドラッグする

▶▶方法3　[レート調整ツール]で速度を変更する

01 [レート調整ツール]でクリップの端をドラッグする

[レート調整ツール]を選び、タイムラインパネルでクリップの端をドラッグします。ドラッグしている間、クリップの長さが表示されるのでその数値を見ながらドラッグします。

[レート調整ツール]を選ぶ

クリップの端をドラッグして速度を変更する

02 クリップの長さと速度が変わる

ドラッグを終了するとクリップの長さが変わり、クリップ名の右には変更後の速度が表示されます。

クリップの長さが変わり変更後の速度が表示される

163

056 素材を変形させる

逆再生する

クリップを逆再生する場合は、速度設定する[速度・デュレーション]の[逆再生]にチェックを入れます。[速度・デュレーション]でクリップの速度を変更することができるので、倍速の逆再生やスローモーションの逆再生なども設定できます。

▶▶方法1　右クリックメニュー（MacではControlキー＋クリック）で逆再生を設定する

▶▶方法1　右クリックメニューで逆再生を設定する

01　右クリックで[速度・デュレーション]を選ぶ

タイムラインに配置したクリップを右クリック（Macではcontrolキー+クリック）し、メニューから[速度・デュレーション]を選びます。

クリップを右クリックして[速度・デュレーション]を選ぶ

02　「クリップ速度・デュレーション」で逆再生を設定する

[クリップ速度・デュレーション]が表示されるので、[逆再生]にチェックを入れます。これでクリップが逆再生するようになり、クリップ名称の右側にはマイナスの速度が表示されます。

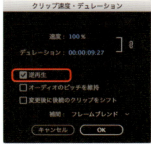

「クリップ速度・デュレーション」で速度の数値を変更する

クリップ名の右にマイナスの速度が表示される

057　素材を変形させる

再生速度を変化させる

クリップの再生速度をシームレスに変化させることができます。具体的には次第にゆっくり、あるいは次第に速くなっていく効果をつけます。

▶▶方法1　キーフレームで速度を変化させる

▶▶方法1　キーフレームで速度を変化させる

01　エフェクトコントロールパネルで速度のラバーバンドを表示する

エフェクトコントロールパネルの[タイムリマップ]の三角マークをクリックして開き、続けて[速度]の三角マークでクリップの速度を示す「ラバーバンド」と呼ばれるラインを表示させます。

エフェクトコントロールパネルで速度のラバーバンドを表示する

02 速度のキーフレームを設定する

Ctrlキー(Macでは⌘キー)を押しながらラバーバンドの上にカーソルを持っていくとポインタがペンマークに変化します。この状態でクリックすると速度のキーフレームが設定されます。

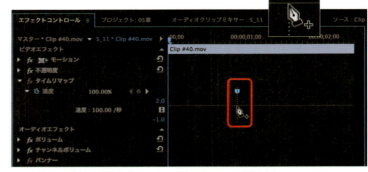

Ctrlキー(Macでは⌘キー)を押しながらクリックして速度のキーフレームを設定する

03 キーフレーム前後の速度を変更する

ラバーバンドをドラッグしてキーフレーム前後の速度を変更します。ここではキーフレームの前で上にドラッグして速度を速くし、キーフレームの後で下にドラッグして速度を遅くしました。

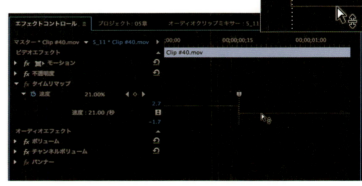

キーフレーム前後の速度を変更する

04 キーフレームを左右に広げる

キーフレームは左右に分かれる構造になっているので、ドラッグして左右に広げます。広がった部分はグレーで表示され、ラバーバンドが傾斜します。この傾斜は速度の変化具合を表しており、ここでは右に下がる傾斜になっているので速度が次第にゆっくりになることがわかります。

キーフレームを左右に分けるとラバーバンドが傾斜する

05 速度変化のカーブを調整する

左右どちらかのキーフレームをクリックするとラバーバンドの傾斜に青いハンドルが表示されます。このハンドルをドラッグすると傾斜のカーブが曲線になり、速度変化を滑らかにすることができます。

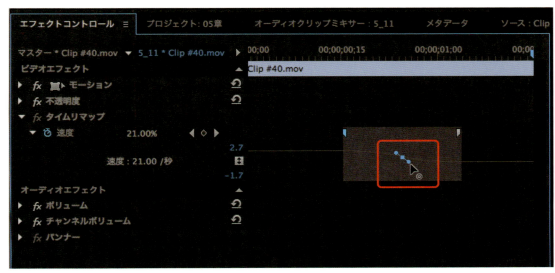

カーブコントロールのハンドルをドラッグして傾斜を調整する

06 タイムラインパネルのキーフレームでも設定できる

タイムラインパネルでも同様に速度のキーフレームを操作できます。方法はタイムラインに配置したクリップのビデオトラック部分を右クリックしてメニューの[クリップキーフレームを表示]から[タイムリマップ]→[速度]を選びます。これでクリップ上に速度のラバーバンドが表示されるので、後はエフェクトコントロールパネルと同じ操作をおこないます。

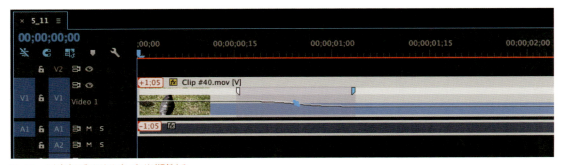

キーフレームを左右に分けるとラバーバンドが傾斜する

058 素材を変形させる

一時停止させる

クリップの途中で一時停止させることができます。方法は速度のキーフレームを使用しますが、ドラッグにより一時停止する時間を設定することができます。

▶▶方法1　キーフレームで一時停止させる

▶▶方法1　キーフレームで一時停止させる

01　エフェクトコントロールパネルで速度のラバーバンドを表示する

エフェクトコントロールパネルの[タイムリマップ]の三角マークをクリックして開き、続けて[速度]の三角マークでクリップの速度を示す「ラバーバンド」と呼ばれるラインを表示させます。

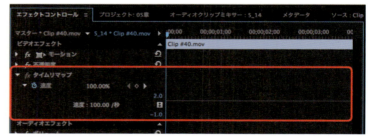

エフェクトコントロールパネルで速度のラバーバンドを表示する

02　速度のキーフレームを設定する

一時停止させたいフレームをCtrlキー（Macでは⌘キー）を押しながらクリックして速度のキーフレームを設定します。

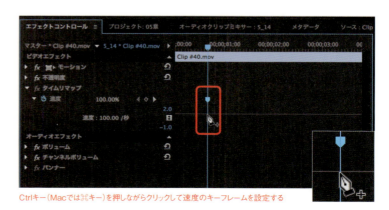

Ctrlキー（Macでは⌘キー）を押しながらクリックして速度のキーフレームを設定する

03 一時停止する時間分キーフレームを開く

Ctrl+Altキー（Macでは⌘+optionキー）を押しながらキーフレームを開くと、開いた部分の速度ラバーバンドが［速度：0］になり、その開いた領域の時間でクリップが一時停止します。

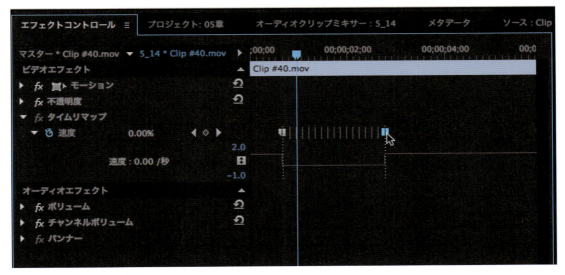

一時停止する時間分キーフレームを開く

04 タイムラインのキーフレームでも設定できる

タイムラインでも同様に一時停止の設定をおこなえます。方法はタイムラインに配置したクリップのビデオトラック部分を右クリックしてメニューの［クリップキーフレームを表示］から［タイムリマップ］→［速度］を選びます。これでクリップ上に速度のラバーバンドが表示されるので、後はエフェクトコントロールパネルと同じ操作をおこないます。

タイムラインでも同様の操作ができる

059　素材を加工する

あらかじめ設定されたエフェクトを使用する

Premiere Proでは、よく使うエフェクトやモーションをプリセットとして用意しています。エフェクトやモーションのプリセットは、あらかじめキーフレームで動きを設定されているものもあるので、クリップにドラッグ&ドロップするだけで簡単に使用することができます。

▶▶手順1　エフェクトプリセットを表示する
▶▶手順2　エフェクトプリセットを適用する

▶▶手順1　エフェクトプリセットを表示する

プリセットは、エフェクトパネルに用意されています。エフェクトパネルを表示して、[プリセット]ビンの左側の三角形をクリックします。

エフェクトパネルの[プリセット]　　プリセットを展開する

プリセットの種類別にビンで分けて用意されているので、使いたいビンの左側の三角形をクリックして展開します。さらに種類別にビンで分けられている場合は、展開したいビンの左側の三角形をクリックして展開します。

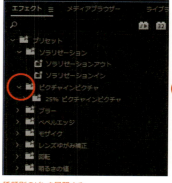

種類別のビンを展開する

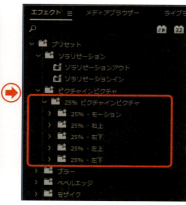

種類別のビンの中をさらに展開する

170

▶▶手順2　エフェクトプリセットを適用する

01　プリセットを適用する

タイムラインに配置されたクリップに、プリセットを適用します。エフェクトパネルのプリセットを、タイムラインパネルのクリップへドラッグ&ドロップします。プリセットのビンはそのまま適用できないので、必ず展開してプリセットアイコンをドラッグしてください。プレビューを確認すると、エフェクトやモーションが自動的に設定されています。

プリセットをタイムラインのクリップにドラッグ&ドロップする

元の映像

エフェクト[ブラーイン]が適用された映像

02　プリセットを調整する

プリセットには、キーフレームで設定されているものもあります。エフェクトやモーションのタイミング、数値などを調整する場合は、エフェクトコントロールパネルでおこないます。

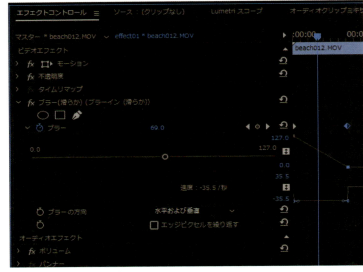
エフェクトコントロールパネルで調整する

171

060 素材を加工する

あらかじめ設定された色セットを使用する

エフェクト[Lumetriカラー]に数多く用意されている[Look]のカラープリセットをクリックして適用するだけで、簡単にさまざまなイメージの色設定を作ることができます。カラープリセットは[Lumetriカラーパネル]上で適用後のイメージを見ながら選べます。適用した色設定は細かい調整も可能です。

▶▶方法1　[Lumetriカラー]パネルを表示する
▶▶方法2　[Look]を選んで適用する

▶▶方法1　[Lumetriカラー]パネルを表示する

[ウィンドウ]メニューで[ワークスペース]を[カラー]に設定するか、[ワークスペースパネル]の[カラー]をクリックします。

[ウィンドウ]メニューで[ワークスペース]を[カラー]にする

[ワークスペースパネル]の[カラー]をクリック

または、[ウィンドウ]メニューで[Lumettriカラー]パネルを選び、表示します。

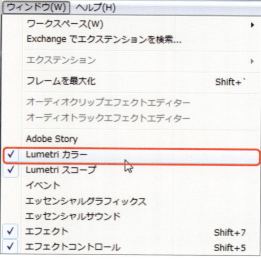

[Lumettriカラー]パネルを選ぶ

▶▶方法2　[Look]を選んで適用する

01　[Look]メニューを表示する

[Lumetriカラー]パネルの[クリエイティブ]をクリックして[Look]メニューを表示します。

[Lumetriカラー]パネルの[クリエイティブ]をクリックして開く

[Look]メニューが表示される

02　プリセットを選ぶ

[Look]メニューをクリックして、適用するプリセットを選んで適用します。

[Look]メニューをクリックする

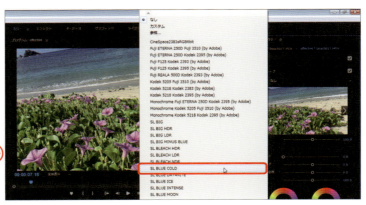

適用するプリセットを選ぶ

03 プリセットが適用される

プリセット[SL BLUE COLD]が適用されました。

プリセットが適用された

または、[Lookプリセットサムネイルビューア]の左右の矢印をクリックして適用後のイメージを確認しながら選び、サムネイルをクリックして適用します。

左右の矢印をクリックして確認

プリセットを選択

プリセットが適用された

> **MEMO**
> **[エフェクトパネル]から適用する**
> [Lumetriカラー]は[エフェクトパネル]の[ビデオエフェクト]から適用することもできます。

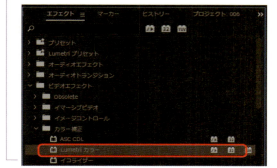

061　素材を加工する

クリップの色を変える

クリップの色や明るさ、コントラストなどの調整エフェクトは、ビデオエフェクトの［イメージコントロール］［カラー補正］［色調補正］ビンに数多く用意されています。全体の色を調整する場合は［カラーバランス］や［Lumetriカラー］、特定の色を指定して色を変更する場合は［色を変更］などを使用します。

▶▶方法1　全体の色味を変える
▶▶方法2　特定の色を指定して変更する

▶▶方法1　全体の色味を変える

01　［カラーバランス］で色味を変える

エフェクトパネルの［イメージコントロール］から［カラーバランス（RGB）］を選び、タイムラインに配置したクリップに適用します。［カラーバランス（RGB）］はRGB（赤・緑・青）のバランスを変更します。それぞれの数値の初期設定は［100］です。

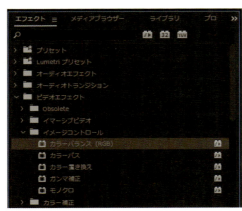

［イメージコントロール］の［カラーバランス（RGB）］

カラーバランス（RGB）適用前

赤:70、緑:130、青:100に設定した例

175

02 [Lumetriカラー]を適用する

[ウィンドウ]メニューから[Lumetriカラー]パネルを選び、表示します。または、[ワークスペースパネル]で[カラー]をクリックします。

[ウィンドウ]メニューから[Lumetriカラー]パネルを選ぶ

[ワークスペースパネル]で[カラー]をクリック

03 基本補正を表示する

[Lumetriカラー]パネルで[基本補正]をクリックして表示します。

[Lumetriカラー]パネルで[基本補正]をクリック

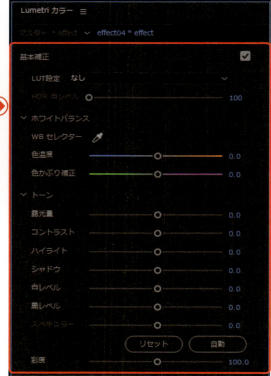

[基本補正]が表示される

04 [色温度]を調整する

[色温度]スライダーを左右にドラッグして、寒色と暖色の色味を調整します。左にドラッグすると寒色、右にドラッグすると暖色に変化します。

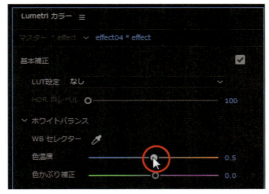

[色温度]スライダーを左右にドラッグして調整する

色温度[-100.0]に設定

色温度[100.0]に設定

05 [色かぶり補正]を調整する

[色かぶり補正]スライダーを左右にドラッグして、グリーンとマゼンダの色味を調整します。左にドラッグするとグリーンが多くなり、右にドラッグするとマゼンダが多くなります。

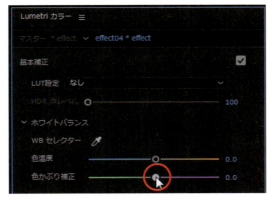

[色かぶり補正]スライダーを左右にドラッグして調整する

色かぶり補正[-100.0]に設定

色かぶり補正[100.0]に設定

> **MEMO**
> Lumetriカラーパネルでは[基本補正][クリエイティブ][カーブ][カラーホイール][HSLセカンダリ][ビネット]の6つのカテゴリパネル内でほとんどすべてのカラー補正をおこなうことができます。

[基本補正]

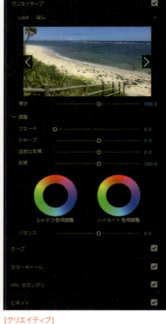

[クリエイティブ]

[カーブ]

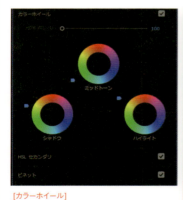

[カラーホイール]

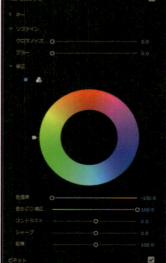

[HSLセカンダリ]

[ビネット]

▶▶方法2　特定の色を指定して変更する

エフェクトパネルの[カラー補正]から[色を変更]を選び、タイムラインに配置したクリップに適用します。特定の色を指定して、その色だけをほかの色に変更します。

[カラー補正]の[色を変更]

エフェクトコントロールの[色を変更]

[変更するカラー]のスポイトで、プログラムモニターから直接変更したい色の部分をクリックして色を吸い出します。[色相の変更]の数値を調整して、吸い出した色を変更します。

[変更するカラー]のスポイトをクリックする

変更したい色をスポイトでクリックする

吸い出した色を[色相の変更]で数値を調整し変更する

適用前

適用後

062 素材を加工する

白黒にする

クリップを白黒にします。[モノクロ]は明度とコントラストを保ったまま、彩度だけを低くするエフェクトです。または、[Lumetriカラー]の[クリエイティブ]で[彩度]を下げます。[Lumetriカラー]の[Look]プリセットでも白黒のクリップ設定ができます。

- ▶▶方法1　[モノクロ]を適用する
- ▶▶方法2　[Lumetriカラー]パネルで[彩度]を下げる
- ▶▶方法3　[Look]プリセットで白黒にする

▶▶方法1　[モノクロ]を適用する

エフェクトパネルの[イメージコントロール]から[モノクロ]を選び、タイムラインに配置したクリップに適用します。クリップが白黒になります。

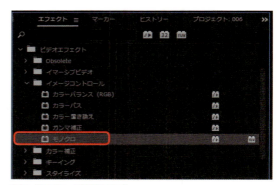

[イメージコントロール]の[モノクロ]

適用前

適用後

▶▶方法2　[Lumetriカラー]パネルで[彩度]を下げる

[Lumetriカラー]パネルの[クリエイティブ]を開き、[彩度]を[0.0]にします。

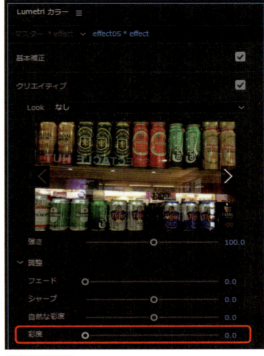

[彩度]を[0.0]にする

▶▶方法3　[Look]プリセットで白黒にする

[Lumetriカラー]パネルで[クリエイティブ]を開き、[Look]メニューから[NOIR]などのモノクロプリセットを適用します。

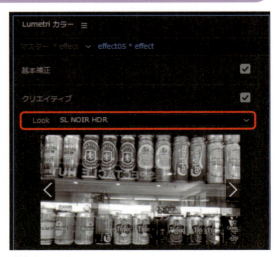

[彩度]を[0.0]にする

063　素材を加工する

色を反転させる

［反転］エフェクトでクリップのカラーを反転させます。初期設定ではRGB（赤・緑・青）のそれぞれのカラーを反転させますが、その他にRGB単体、HLS（色相・明度・彩度）などさまざまな基準で反転させることができます。

▶▶方法1　［反転］を適用する

▶▶方法1　［反転］を適用する

エフェクトパネルの［チャンネル］から［反転］を選び、タイムラインに配置したクリップに適用します。RGB反転が適用され、カラーが反転されます。

［チャンネル］の［反転］エフェクト

エフェクトコントロールの［反転］

適用前

適用後

エフェクトコントロールパネルでは、反転の基準となるチャンネルを選択することができます。

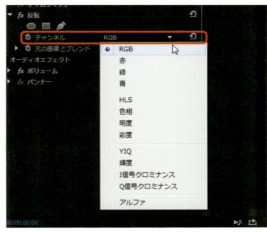
チャンネル設定

チャンネルを青に設定した例

チャンネルをHLSに設定した例

チャンネルを輝度に設定した例

【反転設定】
A チャンネル
　［RGB］［赤］［緑］［青］［HLS］［色相］［明度］［彩度］［YIQ］［輝度］［I信号クロミナンス］［Q信号クロミナンス］［アルファ］からチャンネルを選択する

B 元の画像とブレンド
　クリップのエフェクト適用前と合成する程度を設定する

エフェクトコントロールの［反転］

064 素材を加工する

ぼかす

［ブラー］エフェクトで画面をぼかします。ブラーには全体をぼかす［ブラー（ガウス）］やぼかしの向きを設定できる［ブラー（方向）］などがあります。

- ▶▶方法1　［ブラー（ガウス）］を適用する
- ▶▶方法2　［ブラー（方向）］を適用する

▶▶方法1　［ブラー（ガウス）］を適用する

画面全体をぼかすには、［ブラー＆シャープ］→［ブラー（ガウス）］を適用します。エフェクトコントロールパネルで［ブラー（滑らか）］の設定をおこないます。ブラーの方向も設定できます。

エフェクト［ブラー＆シャープ］の［ブラー（ガウス）］

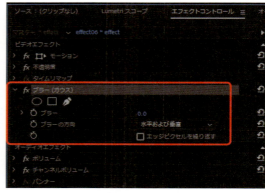

エフェクトコントロールパネルの［ブラー（ガウス）］

ブラーの方向

適用前

ブラー［60.0］、ブラーの方向［水平および垂直］

【ブラー（ガウス）の設定項目】
A ブラー
　ぼかしの量を設定する
B ブラーの方向
　ぼかしの方向を［水平および垂直］［水平］［垂直］から選択する
C エッジピクセルを繰り返す
　オンにすると、画面の端でピクセルを折り返し、端が黒くなるのを防ぐ

［ブラー（滑らか）］の設定画面

▶▶方法2　［ブラー（方向）］を適用する

画面の一定方向にぼかすには、［ブラー＆シャープ］→［ブラー（方向）］を適用します。エフェクトコントロールパネルで［ブラー（方向）］の設定をおこないます。

エフェクト［ブラー＆シャープ］の［ブラー（方向）］

エフェクトコントロールパネルの［ブラー（方向）］

【ブラー（方向）の設定項目】
A 方向
　ブラーの向きを角度で設定する
B ブラーの長さ
　ぼかしの量を設定する

適用前

方向［45.0°］、ブラーの長さ［70.0］

185

065 素材を加工する

タイル状に並べる

[複製]エフェクトで1つのクリップをタイル状に複数並べます。タイルの数は、2×2から最大16×16まで設定することができます。

▶▶方法1　[複製]を適用する

▶▶方法1　[複製]を適用する

エフェクトパネルの[スタイライズ]から[複製]を選び、タイムラインに配置したクリップに適用します。エフェクトコントロールパネルの[カウント]で並べるタイル数の設定をおこないます。カウントは[2]から[16]まで設定することができます。

エフェクト[スタイライズ]の[複製]

エフェクトコントロールパネルの[複製]

適用前

カウント[2]

カウント[6]

066　素材を加工する

ノイズを加える

[ノイズ]エフェクトでクリップに画像の乱れのような効果を加えます。[ノイズHLSオート]エフェクトでは、色相・明度・彩度それぞれに設定したノイズを自動的に動かすことができます。

▶▶方法1　[ノイズ]を適用する
▶▶方法2　[ノイズHLSオート]を適用する

▶▶方法1　[ノイズ]を適用する

エフェクトパネルの[ノイズ&グレイン]から[ノイズ]を選び、タイムラインに配置したクリップに適用します。エフェクトコントロールパネルで[ノイズ]の量と種類を設定します。

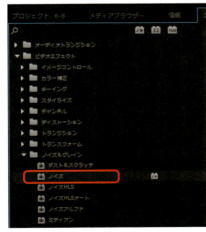

エフェクト[ノイズ&グレイン]の[ノイズ]

エフェクトコントロールパネルの[ノイズ]

【ノイズ設定】
A ノイズ量：ノイズの量を％で設定する
B ノイズの種類：[カラーノイズを使用]をオンにすると、ノイズがカラーになる
C クリッピング：[クリップ結果値]をオンにするとピクセルの色を折り返して表示する

適用前

ノイズ量[80%]

▶▶方法2　［ノイズHLSオート］を適用する

エフェクトパネルの［ノイズ&グレイン］から［ノイズHLSオート］を選び、タイムラインに配置したクリップに適用します。エフェクトコントロールパネルで色相・明度・彩度とアニメーションの速度を設定します。

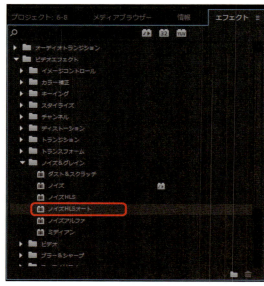

［ノイズ&グレイン］エフェクトの［ノイズHLSオート］

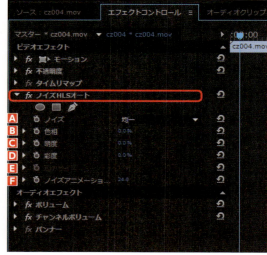

エフェクトコントロールパネルの［ノイズHLSオート］

【ノイズHLSオートの設定項目】

A ノイズ
　ノイズの種類を［均一］［矩形］［粒状］から選択する

B 色相
　クリップの色相に対応したノイズを表示する

C 明度
　クリップの明度に対応したノイズを表示する

D 彩度
　クリップの彩度に対応したノイズを表示する

E 粒のサイズ
　ノイズの粒の大きさを設定する（ノイズの種類で［粒状］を選択している場合に設定）

F ノイズアニメーションの速度
　ノイズの動きを数値で設定する

適用前

ノイズ［粒状］、明度［70.0％］、粒のサイズ［2.50］

067 素材を加工する

レンズフレアを加える

[レンズフレア]エフェクトでクリップに強い光とレンズフレアを合成します。光源の位置や明るさ、レンズの種類を設定することができます。

▶▶方法1　[レンズフレア]を適用する

▶▶方法1　[レンズフレア]を適用する

エフェクトパネルの[描画]から[レンズフレア]を選び、タイムラインに配置したクリップに適用します。エフェクトコントロールパネルで[レンズフレア]の設定をおこないます。

エフェクト[描画]の[レンズフレア]

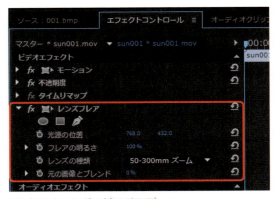

エフェクトコントロールパネルの[レンズフレア]

189

適用前

レンズの種類[50-300mmズーム]

レンズの種類[105mm]

ブラックビデオに適用した例

レンズの種類[50-300mmズーム]

レンズの種類[35mm]

レンズの種類[105mm]

【レンズフレアの設定項目】
A 光源の位置
　強い光を発する位置を座標で設定する（左の数値が横の位置、右の数値が縦の位置）
B フレアの明るさ
　強い光の明るさを%で設定する
C レンズの種類
　レンズの種類を[50-300mmズーム][35mm][105mm]から選択する
D 元の画像とブレンド
　元のクリップとの合成の程度を%で設定する

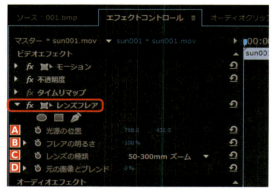
レンズフレア設定

068 素材を加工する
ほかのクリップにも同じ効果や変形を加える

［属性をペースト］機能で1つのクリップに適用したエフェクトを、ほかのクリップへコピー＆ペーストします。エフェクトに設定した数値をそのままペーストできるため、簡単に違うカットに同じエフェクト効果を加えることができます。また、キーフレーム設定をペーストすることも可能です。

▶▶方法1　［属性をペースト］を適用する

エフェクト適用前の2つのクリップ

エフェクト設定を［属性をペースト］したクリップ

▶▶方法1　［属性をペースト］を適用する

01　1つ目のクリップにエフェクトを適用

1つ目のクリップにエフェクトを適用します。

タイムラインに配置されたクリップ

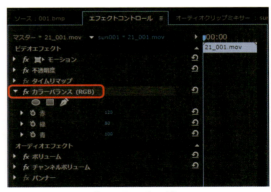

1つ目に適用したエフェクト［カラーバランス（RGB）］

02　エフェクトを適用したクリップをコピーする

タイムラインパネルでエフェクトを適用したクリップを選択した状態で、編集メニューの［コピー］を選択します。

タイムラインパネルでエフェクトを適用したクリップを選択する

編集メニューの［コピー］を選択する

03 2つ目のクリップに[属性をペースト]を適用

同じエフェクトをペーストするクリップをタイムラインパネルで選択した状態にします。編集メニューから[属性をペースト]を選択します。[属性をペースト]画面が表示されるので、ペーストしたい項目にチェックを入れてOKをクリックします。エフェクトの設定がクリップにペーストされます。

同じエフェクトをペーストするクリップを選択する

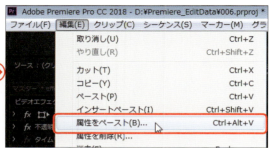
編集メニューから[属性をペースト]を選択する

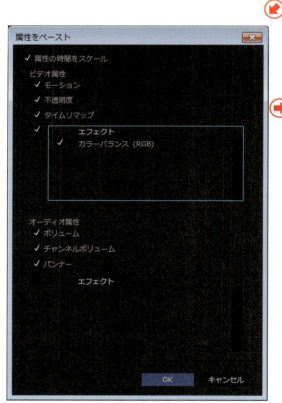
[属性をペースト]画面

同じエフェクトが適用された

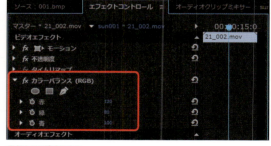
数値も同じ設定になる

069 素材を加工する
すべてのクリップに同じ効果をつける

シーケンスに配置したすべてのクリップに一括して同じエフェクトを適用します。[調整レイヤー]に適用したエフェクトは、配置したトラックより下にあるトラックすべてに反映されます。たとえば、一番上のトラックに調整レイヤーを配置して[モノクロ]エフェクトを適用すると、[調整レイヤー]よりも下にあるトラックのクリップすべてに[モノクロ]が適用された状態になります。

▶▶方法1　[調整レイヤー]を適用する

▶▶方法1　[調整レイヤー]を適用する

01　調整レイヤーを作成する

プロジェクトパネルを選択している状態で、ファイルメニューの[新規]から[調整レイヤー]を選択します。[調整レイヤー]の設定画面が表示されるので、画面サイズやタイムベースを設定してOKをクリックします。作成された[調整レイヤー]はプロジェクトパネルに読み込まれます。

プロジェクトパネルを選択した状態にする

ファイルメニューの[新規]から[調整レイヤー]を選択する

[調整レイヤー]設定画面

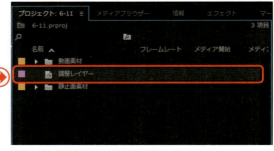

[調整レイヤー]がプロジェクトパネルに読み込まれる

02 調整レイヤーを配置する

クリップが配置されたシーケンスに[調整レイヤー]を配置します。同じ効果をつけたいクリップよりも上のトラックに配置します。[調整レイヤー]は効果をつけたいクリップの長さに合わせてトリミングしておきます。

[調整レイヤー]を配置する

03 調整レイヤーにエフェクトを適用する

シーケンスに配置した[調整レイヤー]にエフェクトを適用します。ここでは、効果がわかりやすい[モノクロ]を適用しています。[調整レイヤー]よりも下のトラックに配置されたクリップすべてに[モノクロ]が適用されました。

[調整レイヤー]にエフェクトを適用する

元画像

[調整レイヤー]にエフェクト適用後

> **MEMO**
> **複数のトラックにエフェクトを適用するもう1つの方法**
> 調整レイヤーを使用すると、その下にあるトラックすべてに同じエフェクトが適用されますが、2つのトラックのみ同じエフェクトを適用させて、その下のトラックにはエフェクトを加えたくない、といった場合は、PART4の「複数のクリップを1つにまとめる」で説明している[ネスト化]を使用します。
> [ネスト化]は、複数の隣り合うトラックに配置されているクリップを1つのシーケンスとしてまとめる機能です。[ネスト化されたシーケンス]に対してエフェクトを適用すると、[ネスト化されたシーケンス]全体にエフェクトが加えられます。

上2つのクリップにエフェクトを適用する場合

クリップをネスト化する

ネスト化されたシーケンスにエフェクトを加える

070 素材を合成する

半透明で合成する

2つのクリップを合成する方法の1つとして半透明を使う手法があります。最も簡単な方法で、タイムラインパネルの基本操作だけでクリップを合成することができます。

▶▶方法1　タイムラインで半透明にする
▶▶方法2　エフェクトコントロールで半透明にする

▶▶方法1　タイムラインで半透明にする

01 タイムラインにクリップを配置する

合成する2つのクリップをタイムラインに重ねて配置します。この状態ではプログラムモニターには上のクリップだけが表示されます。この上のクリップの不透明度を下げて下のクリップに合成します。

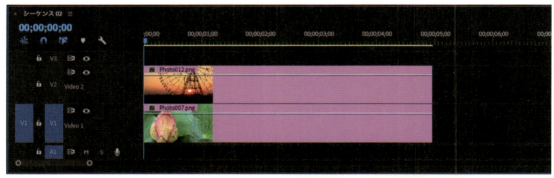

合成する2つのクリップをタイムラインに重ねて配置する

上のクリップだけが表示される

02 不透明度のラバーバンドを表示する

タイムラインパネルのクリップに不透明度のラバーバンドを表示します。まずトラックの境界を上にドラッグしてクリップの高さを広げます。初期設定ではこれでクリップのサムネールと不透明度を表示／操作する[ラバーバンド]と呼ばれるラインが表示されますが、表示されない場合はクリップの[fx]マークを右クリック（Macではcontrolキー＋クリック）してメニューの[不透明度]から[不透明度]を選びます。そうするとクリップに不透明度のラバーバンドが表示されます。

クリップを右クリックして不透明度のラバーバンドを表示する

03 不透明度のラバーバンドをドラッグする

不透明度のラバーバンドの上にポインタを持っていくとポインタが変化します。この状態でドラッグするとラバーバンドが上下し、クリップの不透明度が変化します。ここではラバーバンドを下げてクリップの不透明度を下げます。

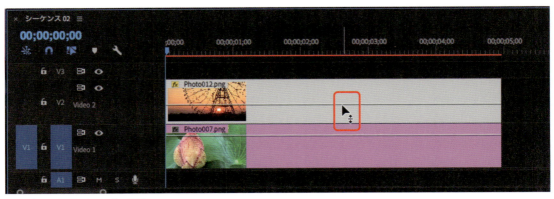

不透明度のラバーバンドをドラッグして下げる

04 上のクリップが下のクリップに合成される

上のクリップの不透明度が下がって下のクリップに合成されます。

上のクリップが下のクリップに半透明度で合成される

▶▶方法2　エフェクトコントロールで半透明にする

01 タイムラインにクリップを配置する

今度はタイムラインのラバーバンドではなくエフェクトコントロールパネルで上のクリップの不透明度を調整してみましょう。まず、合成する2つのクリップをタイムラインに重ねて配置し、上のクリップを選択します。

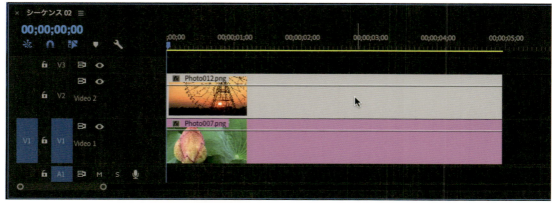

合成する2つのクリップをタイムラインに重ねて配置し、上のクリップを選択する

02 エフェクトコントロールの[不透明度]を設定する

エフェクトコントロールパネルの[不透明度]の三角マークをクリックしてプロパティを開くと不透明度の数値が表示されています。配置した状態では[100%]なので、この数値を下げてクリップを半透明にします。数値を変える操作方法は3通りあります。まず数値の上をドラッグする方法、次に数値をクリックして値を直接入力する方法、そして[不透明度]のスライダーを表示させてそれをドラッグする方法です。

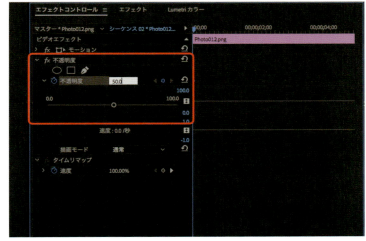

エフェクトコントロールパネルの[不透明度]の値を下げる

03 上のクリップが下のクリップに合成される

エフェクトコントロールパネルの[不透明度]の数値とタイムラインパネルの[不透明度]ラバーバンドは連動しているので、エフェクトコントロールパネルで[不透明度]の値を下げるとそれに連動してタイムラインの[不透明度]ラバーバンドも下に下がります。

タイムラインパネルの[不透明度]ラバーバンドが連動して下がる

上のクリップが下のクリップに半透明度で合成される

071　素材を合成する

クリップの一部を合成する

Premiere Proの持つ機能にマスク機能があります。これはクリップの一部だけを表示してほかのクリップに合成する機能です。マスクの形状は円形と多角形のほかにベジェ曲線を使って自由な形状も作成できます。

- ▶▶方法1　マスク機能を使って合成する
- ▶▶方法2　［ガベージマット］エフェクトで合成する

▶▶方法1　マスク機能を使って合成する

01　タイムラインにクリップを配置する

合成する2つのクリップをタイムラインに重ねて配置します。この状態ではプログラムモニターに上のクリップだけが表示されます。この上のクリップにマスクを設定して一部分だけを下のクリップに合成しますが、そのためにまず上のクリップを選択します。

合成する2つのクリップをタイムラインに重ねて配置し、上のクリップを選択する

上のクリップだけが表示される

02 [不透明度] プロパティを開いてマスクボタンを表示する

エフェクトコントロールパネルの[不透明度]の三角マークをクリックしてプロパティを開くと3種類のマスクボタンがあります。これらのボタンをクリックするとクリップにマスクが設定されます。ここでは四角マークのボタンをクリックして長方形マスクを設定してみましょう。これから説明する長方形マスクの操作はほかの形状のマスクにも共通しています。

エフェクトコントロールパネルの[不透明度]を開いてマスクボタンをクリックする

03 長方形のマスクが設定される

上のクリップに長方形のマスクが設定され、下のクリップに合成されます。またエフェクトコントロールパネルには[マスク(1)]のプロパティが追加されます。これがいま設定されたマスクの情報です。

長方形のマスクで下のクリップに合成される

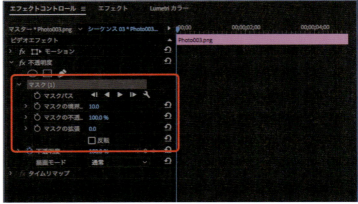

プロパティに[マスク(1)]の項目が追加される

201

04 マスクの位置を変える

プログラムモニターに表示されたマスクの内部にポインタを合わせると、手のひらマークに変わるので、この状態でドラッグするとマスクの位置を移動できます。移動するのはマスクの位置で、クリップの配置位置はそのままです。

マスクの内部をドラッグしてマスクの位置を変える

05 マスクを回転させる

マスクハンドルの周囲にポインタを持っていくと、ポインタが回転マークに変化します。この状態でドラッグするとマスクが回転します。

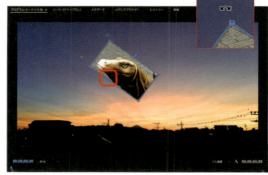

マスクの四隅の周囲をドラッグするとマスクが回転する

06 マスクの範囲を拡張する

プログラムモニターに表示されたマスクのハンドルの中に四角いハンドルがあります。これはマスク拡張の設定ハンドルで、このハンドルをドラッグするとマスクの影響範囲が拡張します。マスク自体の大きさに変化はなく、影響される範囲が変更されます。また、長方形マスクの場合は拡張すると角に丸みがつきます。マスクの範囲はエフェクトコントロールパネルの[マスク(1)]の[マスクの拡張]の値でも変化させられます。

マスクの四角ハンドルをドラッグしてマスクの影響範囲を拡大／縮小する

[マスクの拡張]の値でもマスクの範囲を変えられる

07 マスクの境界をぼかす

マスクの境界をぼかす場合は円形ハンドルをドラッグします。ドラッグの距離に応じてぼけの範囲が変化します。マスクの境界のぼかしはエフェクトコントロールパネルの［マスク（1）］の［マスクの境界のぼかし］の値でも変化させられます。

円形のハンドルをドラッグするとマスクの境界がぼける

［マスクの境界のぼかし］の値でマスクの境界がぼける

08 マスク合成部分を半透明にする

マスクで合成される部分の不透明度はエフェクトコントロールパネルの［マスク（1）］の［マスクの不透明度］で設定できます。

［マスクの不透明度］の値を下げる

マスクで合成される部分が半透明になる

09 マスクの頂点を移動する

マスクの頂点でポインタが丸のついた矢印になるので、その状態でドラッグして頂点の位置を変えます。

ハンドルをドラッグしてマスクの頂点を移動する

10 マスクの頂点を追加／削除する

マスクの辺の上でポインタが[+]のついたペンに変化するので、この状態でクリックするとマスクに頂点が追加されます。Ctrlキー（Macでは⌘キー）を押しながら頂点の上にポインタを持っていくと[-]のついたペンに変化し、その状態で頂点をクリックすると頂点が削除されます。

マスクの辺の上をクリックして頂点を追加する

11 マスクを曲線にする

Altキー（Macではoptionキー）を押しながら頂点をドラッグすると頂点にハンドルが生成され、このハンドルをドラッグすると両辺が曲線になります。

Altキー（Macではoptionキー）を押しながら頂点をドラッグしてなめらかにする

12 マスクを反転する

エフェクトコントロールパネルの［マスク（1）］の［反転］にチェックを入れるとマスクの範囲を反転して長方形以外の部分が合成されます。

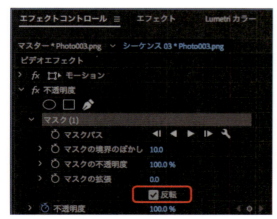

［反転］にチェックを入れる

マスクの範囲が反転する

13 マスクを消去する

クリップに設定したマスクを消去する場合は、エフェクトコントロールパネルの[マスク(1)]を選択してdeleteキーを押すか、右クリック(Macではcontrolキー+クリック)して[消去]を選びます。

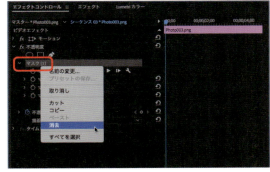

[マスク(1)]を右クリックして消去する

14 そのほかの形状のマスク

マスクの形状は[長方形マスク]のほか、[楕円形マスク]と[ペンマスク]があります。これまでの説明でおわかりのとおりマスクは変形させることができるので、これらの形状はあくまでも基本形です。マスクのハンドルを使って自由な形状のマスクを作成できます。ペンマスクに関してはボタンをクリックしても何もおこらず、プログラムモニター上をクリックやドラッグしてパスを作成することでマスクを生成していきます。

[楕円形マスク]の基本マスク形状

[ペンマスク]はクリックとドラッグで自由な形状のマスクを生成する

205

072　素材を合成する

表示方法で合成する

画像やムービークリップをどのような合成方法で表示するかを設定することができます。この合成方法を[描画モード]といい、クリップを重ねて配置したときに効果が出ます。重なったクリップのうち上のクリップの描画モードを変更することで、複数の映像が混ざり合ったイメージをつくり出すことができます。

▶▶方法1　[描画モード]で合成する

▶▶方法1　[描画モード]で合成する

01　タイムラインにクリップを配置する

合成する2つのクリップをタイムラインに重ねて配置します。この状態ではプログラムモニターに上のクリップだけが表示されます。この上のクリップの[描画モード]を設定して下のクリップに合成します。そのためにまず上のクリップを選択します。

合成する2つのクリップをタイムラインに重ねて配置する

上のクリップだけが表示される

02　[不透明度]プロパティを開いて[描画モード]を表示する

エフェクトコントロールパネルの[不透明度]の三角マークをクリックしてプロパティを開くと[描画モード]というプロパティがあります。これがクリップの合成方法で、通常はその名の通り[通常]になっていて、下のクリップには合成されません。

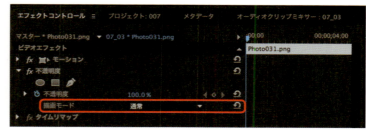
エフェクトコントロールパネルの[不透明度]を開いて[描画モード]を表示する

03 ［描画モード］を変更する

［描画モード］の右の三角マークをクリックし、表示されるメニューから描画モードを選びます。これらの描画モードはタイムラインで下に配置したクリップに対してどのような計算方法で表示するか、というものです。たとえば［スクリーン］はクリップの明るい色成分を下のクリップに合成する表示形式で、下のクリップに対してプロジェクタでクリップを投影したような効果になります。

［描画モード］のメニューから描画モードを選ぶ

［スクリーン］の描画モードで下のクリップに合成された

04 さまざまな描画モード

いくつかの描画モードを紹介します。描画モードは上と下のクリップの内容によって効果が異なってくるので、いろいろ試しながら好みの描画モードを探してください。

［乗算］

［焼き込みカラー］

［覆い焼きカラー］

［オーバーレイ］

073 素材を合成する

フェードイン／アウトさせる

不透明度を変化させるとクリップをフェードインやフェードアウトさせることができます。フェードはエフェクトコントロールパネルとタイムラインの［不透明度］で設定できるほか、ビデオトランジションでも設定できます。

▶▶方法1　エフェクトコントロールパネルの不透明度でフェードさせる

▶▶方法2　タイムラインパネルの不透明度でフェードさせる

▶▶方法3　ビデオトランジションでフェードさせる

▶▶方法1　エフェクトコントロールパネルの不透明度でフェードさせる

01　タイムラインにクリップを配置する

クリップをタイムラインに配置します。このクリップの不透明度を変化させて黒い画面からフェードインしてくる効果を作成してみましょう。まずはエフェクトコントロールパネルで不透明度を変化させる設定方法を説明します。

フェードさせるクリップをタイムラインに配置する

02　［不透明度］プロパティを開く

クリップを選択し、エフェクトコントロールパネルの［不透明度］の三角マークをクリックしてプロパティを開きます。再生ヘッドをフェードの開始フレームに移動します。ここでは0フレームからフェードすることにし、再生ヘッドを0フレームの位置にします。

エフェクトコントロールパネルの［不透明度］を開く

03　[不透明度]を[0%]にしてキーフレームを設定する

[不透明度]の値を「0%」にすると自動的に[不透明度]のキーフレームが設定され、[不透明度]のひし形のキーフレームマークが追加されます。

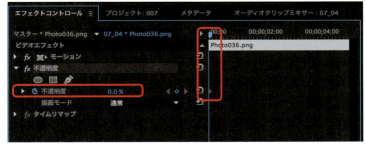

[不透明度]を[0%]にすると自動的にキーフレームが設定される

04　フェードの終わりの[不透明度]キーフレームを設定する

クリップが完全に出現するフェードの終わりのフレームに再生ヘッドを移動して[不透明度]の値を「100%」に戻します。このフレームにも自動的にキーフレームが設定され、フェードインの設定が完了します。

フェードの終了フレームに再生ヘッドを移動して[不透明度]の値を[100%]に戻す

クリップがフェードインするようになる

> **MEMO**
> **フェードの長さの変更**
> フェードインする長さを変更する場合は、フェード終わりの[不透明度]キーフレームをドラッグして移動します。フェード時間を短くする場合は左に、長くする場合は右に移動します。

▶▶方法2　タイムラインパネルの[不透明度]でフェードさせる

01　[ペンツール]で[不透明度]のキーフレームを設定する

タイムラインにクリップを配置した後、[ペンツール]を選びます。次にフェード開始と終了のフレームで[不透明度]のラバーバンドをクリックしてキーフレームを設定します。選択ツールのままでも、Ctrlキー（Macでは⌘キー）を押しながらクリックするとキーフレームを設定できます。このとき、再生ヘッドを移動して再生ヘッドとラバーバンドの交差点をクリックすると確実にそのフレームでキーフレームが設定できます。クリップに[不透明度]のラバーバンドが表示されていないときはクリップの[fx]マークを右クリック（Macではcontrolキー+クリック）して[不透明度]→[不透明度]を選びます。キーフレームの設定が終わったら選択ツールに戻します。

[ペンツール]を選ぶ

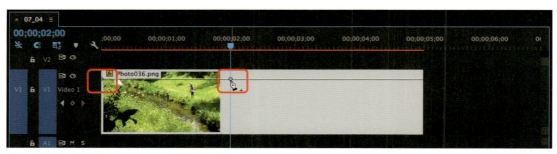

タイムライン上の[不透明度]のラバーバンドにキーフレームを設定する

02　フェード開始のキーフレームをドラッグする

キーフレーム上にポインタを持ってくると丸のついた矢印に変化するので、その状態でドラッグするとキーフレームの値が変化します。ここではフェード開始のキーフレームを一番下までドラッグして[不透明度]の値を「0%」にし、フェードインの設定にしました。

フェード開始のキーフレームをドラッグして[不透明度]を[0%]にする

▶▶方法3　ビデオトランジションでフェードさせる

01　ビデオトランジションの[クロスディゾルブ]をクリップにドラッグする

タイムラインにクリップを配置した後、エフェクトパネルの[ビデオトランジション]→[ディゾルブ]→[クロスディゾルブ]を選んでクリップの先頭にドラッグします。

[ビデオトランジション]→[ディゾルブ]の[クロスディゾルブ]をクリップの先頭にドラッグする

02　[クロスディゾルブ]トランジションが適用される

クリップの先頭に[クロスディゾルブ]トランジションマークが追加されます。これでクリップがフェードインするようになりました。

クリップの先頭に[クロスディゾルブ]マークが追加される

03　トランジションの長さを変える

フェードの時間を変更するときはクリップのトランジションマークの端をドラッグしてマークの長さを変えます。これでビデオトランジションによるフェードインの設定が完了です。

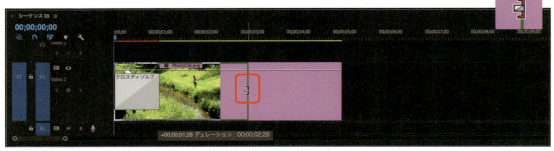

トランジションマークの端をドラッグして長さを変える

074 素材を合成する

特定の色部分に合成する

クリップの映像内の特定の色部分を透明にしてそこにほかのクリップを合成することができます。映画で見るグリーンやブルーの背景で撮影し、そこに別の背景を合成する特殊効果がこれにあたります。指定する色は何色でもかまいませんが、残したい部分に同じ色があるとその部分も透明になってしまうので注意してください。

▶▶方法1　キーイングエフェクトで特定の色部分に合成する

▶▶方法1　キーイングエフェクトで特定の色部分に合成する

01　タイムラインにクリップを配置する

合成する2つのクリップをタイムラインに重ねて配置します。この状態ではプログラムモニターに上のクリップだけが表示されます。この上のクリップの特定の色部分をエフェクトで透明にして下のクリップを合成します。ここでは怪獣の背景の青色を透明にしてみましょう。

合成する2つのクリップをタイムラインに重ねて配置する

上のクリップの特定の色部分を透明にする

02　ビデオエフェクトの[カラーキー]を適用

特定の色を透明にするビデオエフェクトには[カラーキー]と[Ultraキー]があり、どちらも色を指定してその色範囲を調整する、という操作に変わりはありません。ここでは単純な操作の[カラーキー]を使ってキーイングエフェクトの操作概要を説明します。まずエフェクトパネルの[ビデオエフェクト]→[キーイング]から[カラーキー]を選んで、上に配置したクリップに適用します。

[ビデオエフェクト]→[キーイング]の[カラーキー]を適用する

212

03 ［キーカラー］を指定する

はじめに透明にしたい色を指定します。そのために、エフェクトコントロールパネルの［カラーキー］にある［キーカラー］のスポイトをクリックして選びます。プログラムモニターには上のクリップだけが表示されているので、スポイトを選んだ状態で透明にしたい色部分をクリックします。ここでは背景の青空をクリックします。［カラーキー］エフェクトは色を指定しただけでは何の変化もありません。

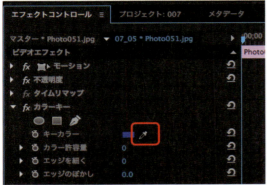

透明にする色を指定するために［キーカラー］のスポイトをクリックする　　　プログラムモニターで透明にしたい色部分をクリックする

04 ［カラー許容量］の値を上げて指定色の周囲を透明にする

続いて［カラー許容量］の値を上げます。これでスポイトで指定した青色に近い色の範囲を指定します。値が大きいほど青色から離れた色も透明になっていきます。透明になった部分から下のクリップが表示されてくるので、［カラー許容量］の値を調整してうまく怪獣だけが残るようにします。

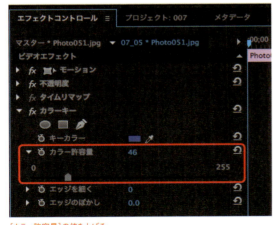

［カラー許容量］の値を上げる　　　指定した青色に近い色の部分が透明になって下のクリップが見えてくる

05 透明部分のエッジを調整する

合成の境界線がギザギザになっている場合や青色が少し残る場合は[エッジを細く]と[エッジのぼかし]の値を組み合わせて境界線を調整します。[エッジを細く]は値を上げるほど透明部分が広がっていき、[エッジのぼかし]は値を上げるほど境界線がぼけてきます。

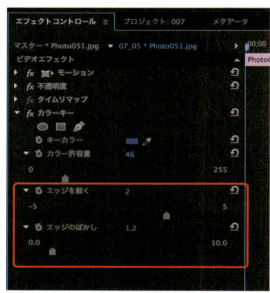

[エッジを細く]と[エッジのぼかし]の値で透明部分のエッジを調整する

自然な感じに合成されるように調整する

> **MEMO**
> **合成したい部分に背景と似た色が含まれている場合**
> 合成したい部分に背景と似た色が含まれている場合は、[カラーキー]で合成するとその部分も透明になってしまいます。このような場合は怪獣の素材をタイムラインにさらに重ねて配置し、[071：クリップの一部を合成する]で説明するマスクで体の中の背景と似た色の部分だけを切り取って一番上に合成します。

合成したい怪獣の体に背景と似た色部分があると、体の一部も透明になってしまう

背景と同じ色の部分をマスクで切り取って重ねる

| 075 | 素材を合成する |

明暗部分に合成する

クリップの映像内の暗い部分や明るい部分を透明にしてそこにほかのクリップを合成することができます。人物をアップで撮影した髪の毛の部分にほかの映像が合成されている、といった技法です。明暗がはっきりしている映像のクリップの方が効果があります。

▶▶方法1　キーイングエフェクトで明暗部分に合成する

▶▶方法1　キーイングエフェクトで特定の明暗部分に合成する

01　タイムラインにクリップを配置する

合成する2つのクリップをタイムラインに重ねて配置します。この状態ではプログラムモニターに上のクリップだけが表示されます。この上のクリップの暗い部分をエフェクトで透明にして下のクリップを合成します。

上のクリップの暗い部分を透明にする

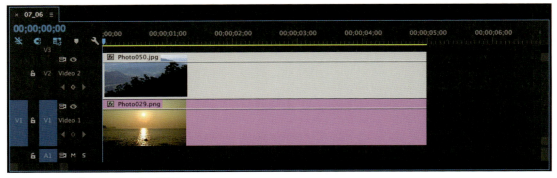

合成する2つのクリップをタイムラインに重ねて配置する

215

02 ビデオエフェクトの [ルミナンスキー] を適用する

エフェクトパネルの [ビデオエフェクト] → [キーイング] から [ルミナンスキー] を選んで、上に配置したクリップに適用します。[ルミナンス] とは明度のことで、この [ルミナンスキー] はクリップの明暗で合成するエフェクトです。エフェクトを適用するクリップの内容によりますが、このクリップでは適用するとすぐに全体的に下のクリップが半透明で合成されます。

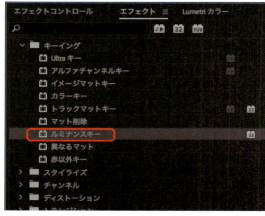

[ビデオエフェクト] → [キーイング] の [ルミナンスキー] を適用する

適用すると全体的に下のクリップが合成される

03 [しきい値] で透明にする明暗部分の差をつける

エフェクトコントロールパネルの [ルミナンスキー] にある [しきい値] の値を下げると、クリップの透明部分が明確になってきて暗い部分だけに下のクリップが合成されていきます。

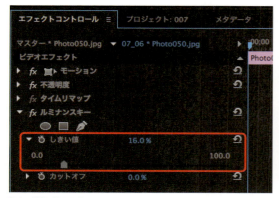

[しきい値] の値を下げる

クリップの暗い部分に下のクリップが合成される

04　[カットオフ] でコントラストを強める

[カットオフ]の値を上げると透明にするためのグレースケールのコントラストが上がり、明暗がはっきりします。中間地点のため半透明だった部分も完全に透明になります。

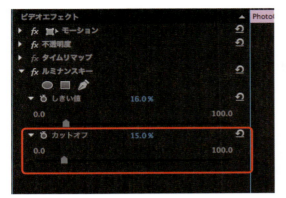

[カットオフ]の値を上げる

透明部分がよりクリアになる

05　[アルファチャンネルキー] で明るい部分を透明にする

[ルミナンスキー]はクリップの暗い部分を透明にするエフェクトです。明るい部分を透明にしたい場合は[ルミナンスキー]エフェクトで透明部分を反転します。[ルミナンスキー]を適用しているクリップに[ビデオエフェクト]→[キーイング]から[アルファチャンネルキー]を選んで適用します。

[ビデオエフェクト]→[キーイング]の[アルファチャンネルキー]を適用する

06　アルファチャンネルを反転して明るい部分を透明にする

エフェクトコントロールパネルの[アルファチャンネルキー]にある[アルファを反転]にチェックを入れると、[ルミナンスキー]で透明にした部分が反転してクリップの明るい部分に下のクリップが合成されます。

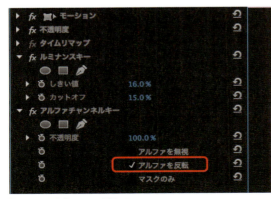

[アルファを反転]にチェックを入れる

クリップの明るい部分が透明になる

076 素材を合成する

ほかの素材を使って合成する

クリップに含まれるアルファチャンネルや明暗の差を使って合成することができます。この場合、Premiere Proに読み込んでいないファイルを使用する方法と、タイムラインに配置したほかのクリップを使う方法があります。

▶▶方法1　外部ファイルを使って合成する
▶▶方法2　ほかのトラックのクリップを使って合成する

▶▶方法1　外部ファイルを使って合成する

01 タイムラインにクリップを配置する

合成する2つのクリップをタイムラインに重ねて配置します。この状態ではプログラムモニターに上のクリップだけが表示されます。この上のクリップにエフェクトを適用し、外部ファイルのアルファや明暗を使って下のクリップと合成します。

合成する2つのクリップをタイムラインに重ねて配置する

このクリップを外部ファイルのアルファや明暗を使って下のクリップと合成する

02 ビデオエフェクトの [イメージマットキー] を適用する

まずはPremiere Proに読み込んでいない外部の静止画ファイルを使ってタイムラインに配置した2つのクリップを合成してみましょう。エフェクトパネルの [ビデオエフェクト] → [キーイング] から [イメージマットキー] を選んで、上に配置したクリップに適用します。

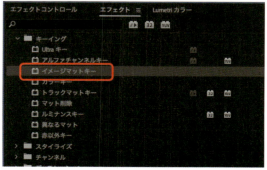

[ビデオエフェクト] → [キーイング] の [イメージマットキー] を適用する

218

03　[設定]で合成に使用する外部ファイルを指定する

外部ファイルを指定するために、エフェクトコントロールパネルの[イメージマットキー]の右にある[設定]ボタンをクリックします。そうすると[マットイメージの選択]ダイアログボックスが開きます。ここで合成に使用する静止画ファイルを選択して[開く]をクリックします。

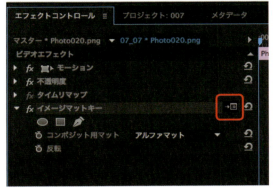

[設定]をクリックする

合成に使用する外部ファイルを指定する

04　合成に使用する静止画ファイル

ここで合成用に指定したファイルは図のような静止画像です。このファイルはアルファチャンネルの存在しない白黒の静止画像です。

合成に使用した静止画ファイル

05　合成に使用する要素を選択する

指定した外部の静止画ファイルのどの要素を合成に使用するかを指定します。方法はエフェクトパネルの[イメージマットキー]にある[コンポジット用マット]で[アルファマット]か[ルミナンスマット]を選びます。ここで指定したファイルにはアルファチャンネルが無いので、明暗を利用する[ルミナンスマット]を選択します。そうすると合成に使用している静止画の黒い部分が透明になって下のクリップが表示されます。

[コンポジット用マット]で合成に使用する要素を選択する

指定した静止画の黒い部分が透明になって下のクリップが表示される

219

06 透明部分を反転する

[反転]にチェックを入れると透明部分が反転され、指定した静止画の白い部分が透明になります。

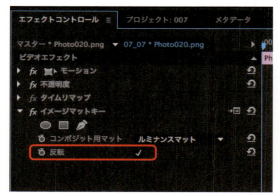

[反転]にチェックを入れる

透明部分が反転して静止画の白い部分が透明になる

▶▶方法2　ほかトラックのクリップを使って合成する

01 タイムラインにクリップを配置する

今度はタイムラインに配置したほかのクリップを使って合成してみましょう。合成に使用するクリップは[イメージマットキー]の説明で使用した静止画ファイルです。まず合成する2つのクリップと合成に使用するクリップの3つをタイムラインに重ねて配置します。このとき、合成に使用するクリップは一番上に配置します。この状態ではプログラムモニターには一番上にあるクリップだけが表示されます。

合成する2つのクリップと合成に使用するクリップをタイムラインに重ねて配置する

このクリップを使って下に配置した2つのクリップを合成する

02 ビデオエフェクトの[トラックマットキー]を適用する

エフェクトパネルの[ビデオエフェクト]→[キーイング]から[トラックマットキー]を選んで、真ん中に配置したクリップに適用します。

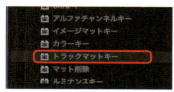

[ビデオエフェクト]→[キーイング]の[トラックマットキー]を適用する

03 ［マット］で合成に使用するトラックを選ぶ

エフェクトコントロールパネルの［トラックマットキー］にある［マット］で合成に使用するクリップを選びます。ここでは［Video 3］に合成用クリップを配置してあるので［Video 3］を選びます。

［マット］で合成に使用するクリップを配置したトラックを選ぶ

04 ［コンポジット用マット］で合成に使用する要素を選ぶ

指定したトラックに配置したクリップのどの要素を合成に使用するかを指定します。方法はエフェクトパネルの［イメージマットキー］にある［コンポジット用マット］で［アルファマット］か［ルミナンスマット］を選びます。ここで指定したクリップにはアルファチャンネルがないので、明暗を利用する［ルミナンスマット］を選択します。そうすると合成に使用している静止画の黒い部分が透明になって下のクリップが表示されます。

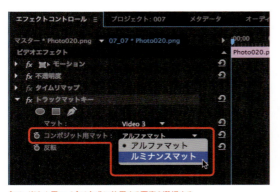

［コンポジット用マット］で合成に使用する要素を選択する

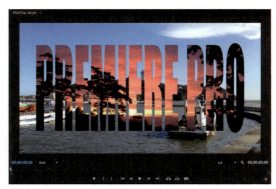

指定した静止画の黒い部分が透明になって下のクリップが表示される

05 透明部分を反転する

［反転］にチェックを入れると透明部分が反転され、指定した静止画の白い部分が透明になります。

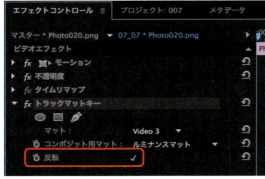

［反転］にチェックを入れる

透明部分が反転して静止画の白い部分が透明になる

077　素材を合成する

背景のない素材で合成する

アルファチャンネルを持つ静止画ファイルを編集に使用すると、配置するだけでほかのクリップに合成されます。ここでは単に合成するだけでなくその後の合成の調整までを説明します。

▶▶方法1　アルファチャンネルを持つファイルの合成
▶▶方法2　アルファチャンネルを反転する
▶▶方法3　エッジに残る背景色を消す

▶▶方法1　アルファチャンネルを持つファイルの合成

01　アルファチャンネル付きの静止画ファイル

アルファチャンネル付きのファイルをPhotoshopで見てみましょう。黒地に青いCG球の浮かぶ画像ですが、チャンネルパネルをみると一番下に[アルファチャンネル]があることがわかります。

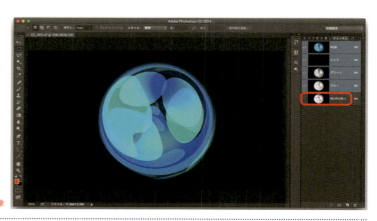

アルファチャンネル付きの静止画像

02　アルファチャンネルの内容

アルファチャンネルだけを表示してみましょう。アルファチャンネルは白黒画像で、黒い部分が透明になり白い部分が表示されます。グレーの部分は半透明になり、黒に近いほど透明度が上がります。この静止画像は図のようなアルファチャンネルを持っているので、黒い背景が透明になり球の青い部分が合成されることがわかります。

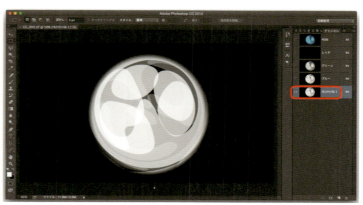

アルファチャンネルは白黒の画像

222

03 タイムラインにクリップを配置して合成する

タイムラインにクリップを配置し、その上にアルファチャンネル付きの静止画クリップを配置します。アルファチャンネル付きの画像は配置するだけで下のクリップに合成されます。

合成する2つのクリップをタイムラインに重ねて配置する

アルファチャンネル付きの画像は配置するだけで合成される

▶▶方法2 アルファチャンネルを反転する

01 ［アルファチャンネルキー］を適用する

合成した後にアルファチャンネルを操作してみましょう。エフェクトパネルの［ビデオエフェクト］→［キーイング］から［アルファチャンネルキー］を選んで、上に配置したアルファチャンネル付きの静止画クリップに適用します。

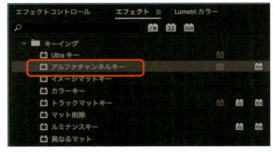
アルファチャンネル付きクリップに［アルファチャンネルキー］を適用する

02 アルファチャンネルを反転する

エフェクトコントロールパネルの［アルファチャンネルキー］にある［アルファを反転］にチェックを入れると静止画クリップの透明部分が反転します。そのほか［アルファを無視］や［マスクのみ］をチェックして合成後のアルファチャンネルを操作します。

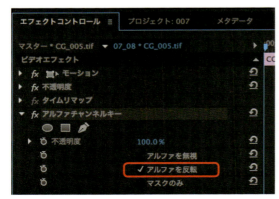
［アルファを反転］にチェックを入れる

静止画クリップの透明部分が反転する

▶▶方法3　エッジに残る背景色を消す

01　アルファチャンネルのエッジに背景色が残る場合

ここで使用したアルファチャンネル付きの静止画は黒い背景ですが、このクリップを合成して球の周囲を見ると半透明部分に背景の黒色が残っていることがわかります。

球の周囲に背景の黒色が残っている

02　[マット削除]を適用する

半透明部分に残る黒色を削除するために、エフェクトパネルの[ビデオエフェクト]→[キーイング]から[マット削除]を選んで、上に配置したアルファチャンネル付きの静止画クリップに適用します。

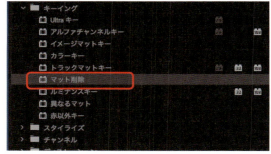

アルファチャンネル付きクリップに[マット削除]を適用する

03　アルファチャンネルのエッジの色を削除する

エフェクトコントロールパネルの[マット削除]にある[マットの種類]を[黒]にします。これで半透明に残った黒色を削除することができます。

[マットの種類]を[黒]にする

球の周囲にの残っていた黒色が消える

078　素材を合成する

縮小合成する

ピクチャー・イン・ピクチャーという合成手法があります。1つのクリップを縮小してもう1つのクリップにはめ込む合成で、ニュースやバラエティ番組でよく見る技法です。

▶▶方法1　クリップを縮小して合成する

▶▶方法1　クリップを縮小して合成する

01　タイムラインにクリップを配置する

合成する2つのクリップをタイムラインに重ねて配置します。この状態ではプログラムモニターに上のクリップだけが表示されます。この上のクリップを縮小して下のクリップと合成するので、まず上のクリップを選択しておきます。

このクリップを縮小して下のクリップと合成する

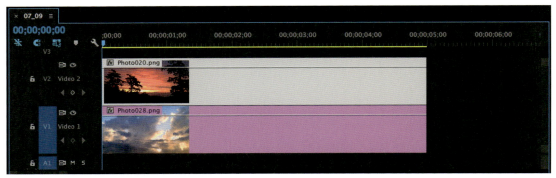

合成する2つのクリップをタイムラインに重ねて配置する

02 ハンドルをドラッグしてクリップを縮小する

エフェクトコントロールパネルで［モーション］のトランスフォームアイコンをクリックすると、プログラムモニターのクリップの辺に8つのハンドルが表示されます。このハンドルをドラッグするとクリップが縮小します。

［モーション］のトランスフォームアイコンをクリックする

ハンドルをドラッグしてクリップを縮小する

03 クリップをドラッグして位置を決める

クリップの中をドラッグして、縮小したクリップの位置を調整します。これでピクチャー・イン・ピクチャー合成の完成です。

クリップをドラッグして移動する

> **MEMO**
> **縮小サイズと位置の決定**
> 合成するクリップの縮小サイズと位置を1フレームだけで決めると、クリップの内容によっては見せたい部分を隠してしまうことがあります。プレビューで最後まで確認しながら縮小サイズと位置を決定しましょう。

動物が移動し、合成クリップで顔が隠れてしまっている

079 素材を合成する

縮小合成に飾りをつける

縮小合成したクリップを目立たせるために影を落としたり縁をつけたりします。これらの飾りはすべてエフェクトでおこないます。ここでは詳しい設定手順は省き、ポイントだけを説明します。

- ▶▶方法1　影を落とす
- ▶▶方法2　縁にベベルをつける
- ▶▶方法3　外枠をつける

▶▶方法1　影を落とす

01　クリップを縮小合成する

「078:縮小合成する」の手順でクリップを縮小合成します。この縮小したクリップに縁取りなどの飾りをつけます。

合成するクリップをタイムラインに重ねて配置する

上のクリップを縮小して下のクリップに合成する

02　[ドロップシャドウ]を適用する

エフェクトパネルの[ビデオエフェクト]→[遠近]から[ドロップシャドウ]を選んで、縮小したクリップに適用します。

縮小したクリップに[ドロップシャドウ]を適用する

227

03 [ドロップシャドウ] プロパティで影を設定する

エフェクトコントロールパネルの[ドロップシャドウ]プロパティで縮小したクリップに影をつけます。ポイントは影の落ちる方向を決める[方向]と、クリップと影との距離を決める[距離]です。そのほかは影の色／不透明度／ぼかしを設定できます。

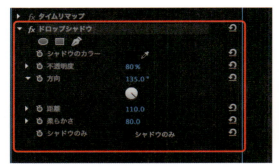

[ドロップシャドウ]プロパティで影を設定する

縮小したクリップに影がついた

▶▶方法2　縁にベベルをつける

01 [ベベルエッジ] を適用する

今度は縮小したクリップの縁を面取りしてみましょう。エフェクトパネルの[ビデオエフェクト]→[遠近]から[ベベルエッジ]を選んで、縮小したクリップに適用します。

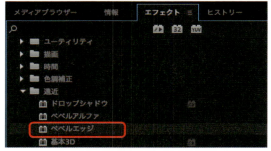

縮小したクリップに[ベベルエッジ]を適用する

02 [ベベルエッジ] プロパティで面取りを設定する

エフェクトコントロールパネルの[ベベルエッジ]プロパティで、面取りの大きさ、面にあたる光の色と強さを設定します。光は立体感を演出するためのものなので下のクリップとの合成具合を見ながら調整するとよいでしょう。

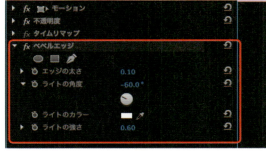

[ベベルエッジ]プロパティで面取りの大きさや光具合を設定する

縮小したクリップの縁が面取りされた

▶▶方法3　外枠をつける

01　[放射状シャドウ]を適用する

最後は縮小したクリップに外枠をつけてみましょう。エフェクトパネルの[ビデオエフェクト]→[遠近]から[放射状シャドウ]を選んで、縮小したクリップに適用します。

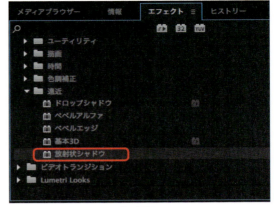

縮小したクリップに[放射状シャドウ]を適用する

02　[放射状シャドウ]プロパティで外枠を設定する

エフェクトコントロールパネルの[放射状シャドウ]プロパティで外枠を設定します。操作はまず[レイヤーサイズを変更]にチェックを入れてください。これでクリップの外にシャドウが出るようになります。次に[放射状シャドウ]のトランスフォームアイコンをクリックし、プログラムモニターでアンカーポイントをクリップの中心にドラッグして光源をクリップの中央にします。後は[投影距離]で縁の太さを設定し、最後に縁の色／不透明度／ぼかしを設定して完成です。ここまで説明した3種類のエフェクトを組み合わせることも可能ですが、エフェクトの順番により効果も変わってくるので注意してください。

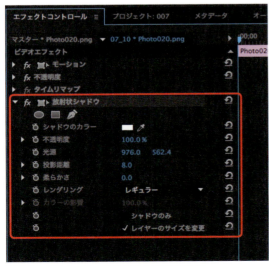

[放射状シャドウ]プロパティで外枠の色や太さなどを設定する

アンカーポイントで[光源]の位置をクリップの中央にする

080 　文字や図形を入れる

タイトルを作成する

ツールバーの文字ツールを使ってタイトルのクリップを作成します（※CC2018からの機能です）。文字ツールでプログラムパネルをクリックして、直接文字を入力します。または、[レガシータイトル]機能でタイトルクリップを作成します（CC2017以前のバージョンでは[タイトル]と表記されています）。

▶▶方法1　[文字ツール]（CC2018以降のバージョン）を使う
▶▶方法2　[レガシータイトル]（CC2017以前のバージョン）を使う

▶▶方法1　[文字ツール]（CC2018以降のバージョン）を使う

01　再生ヘッドを移動する

タイトルを表示させたいフレームへ再生ヘッドを移動しておきます。

再生ヘッドを移動

02　ツールバーの[文字ツール]でプログラムパネルをクリックする

ツールバーの[横書き文字ツール]または[縦書き文字ツール]をクリックして選択します。

[横書き文字ツール]または[縦書き文字ツール]をクリック

プログラムパネルの画面上で、文字を書き始めたい場所をクリックします。

文字を書き始めたい場所をクリック

03 文字を入力する

キーボードで文字を入力します。タイトルクリップは、再生ヘッドのあるフレームからタイムライン上に自動的に配置されます。

文字を入力する

再生ヘッドのある位置に配置される

▶▶方法2　［レガシータイトル］（CC2017以前のバージョン）を使う

01 ファイルメニューの［新規］から［レガシータイトル］を選択する

ファイルメニューの［新規］から［レガシータイトル］をクリックして選択します。新規タイトル設定画面が表示されるので、タイトルのサイズとタイムベース、名前を入力してOKをクリックします。

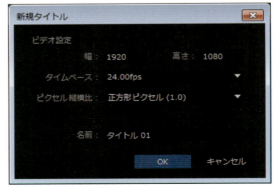

ファイルメニューの[新規]から[レガシータイトル]を選択

231

02 文字を入力する

タイトル編集画面が表示されるので、[横書き文字ツール]または[縦書き文字ツール]で描画エリアに文字を入力します。終了したら右上の[閉じる]ボタンをクリックします。

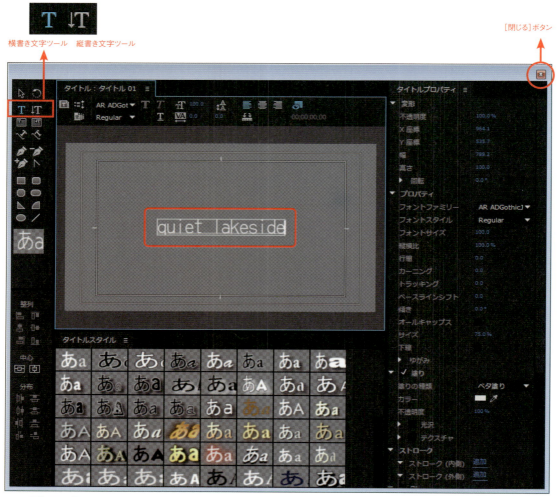

横書き文字ツール　縦書き文字ツール　　　　　　　　　　　　　　　　　　　　　　　　　　　[閉じる]ボタン

タイトル編集画面の描画エリアに文字を入力する

03 プロジェクトパネルにタイトルクリップが読み込まれる

[閉じる]ボタンをクリックすると、プロジェクトパネルにタイトルクリップが読み込まれた状態になります。プロジェクトパネルでタイトルクリップをダブルクリックすると、再びタイトル画面が表示されます。

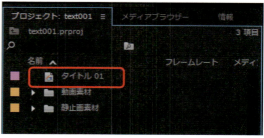

プロジェクトパネルにタイトルが読み込まれる

| 081 | 文字や図形を入れる |

タイトルをシーケンスに配置する

作成したタイトルを、シーケンスに配置します。動画や静止画のクリップに合成する場合は、タイトルを動画や静止画の上のトラックに配置します。また、シーケンスに配置されたタイトルをダブルクリックすると、背景として下のトラックのクリップを表示した状態で文字の設定をおこなうことができます。
（注）レガシータイトル（CC2017以前のバージョンでは「タイトル」）機能のみ

▶▶方法1　シーケンスにドラッグ&ドロップする

（注）CC2018以降のバージョンで使用する[文字ツール]で作成されたタイトルは、自動的にシーケンスの再生ヘッドがあるフレームへ配置されます。

▶▶方法1　シーケンスにドラッグ&ドロップする

01　タイトルをシーケンスに配置する

プロジェクトパネルにあるタイトルをタイムラインパネルにドラッグ&ドロップします。他のクリップと合成して使用する場合は、クリップよりも上のトラックへ配置します。静止タイトルは静止画と同様に、表示時間を自由に変更することができるので、使用したい長さにトリミングします。

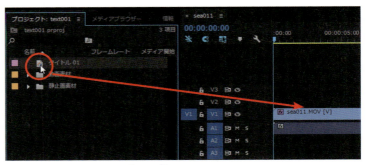

プロジェクトパネルからタイトルをドラッグ&ドロップする

トリミングして表示時間を調整する

クリップとタイトルが合成された

233

02 背景ビデオの表示／非表示

タイムラインパネルに配置したタイトルをダブルクリックすると、下に配置されているクリップごとタイトル編集画面に表示されます。

タイムラインパネルでタイトルをダブルクリックする

クリップがタイトル編集画面に表示される

一時的に非表示にする場合は、上部にある[背景ビデオを表示／非表示]ボタンをクリックします。

[背景ビデオを表示／非表示]ボタン

背景ビデオを非表示にした状態

03 背景ビデオの表示時間を変更する

背景ビデオの時間を進めて画面の変化と文字の配置を確認します。上部にある[背景ビデオのタイムコード]の数値をドラッグして、時間を変更します。タイムライン上の再生ヘッドが移動して、表示される画面も変化します。

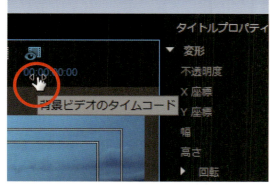
背景ビデオのタイムコードをドラッグする

表示される画面が時間の経過で変化する

082　文字や図形を入れる

文字のスタイルを設定する

文字ツールで入力したタイトルのフォントや文字の大きさ、色などを設定します。文字に影を加えることもできます。レガシータイトルでは、タイトルプロパティを使って文字のスタイルを設定します。

▶▶方法1　［フォント］と［アピアランス］を使う
　　　　　（CC2018以降のバージョン）

▶▶方法2　［タイトルプロパティ］を使う（CC2017以前のバージョン）

▶▶方法1　　［フォント］と［アピアランス］を使う（CC2018以降のバージョン）

01　エフェクトコントロールパネル／エッセンシャルグラフィックスパネルで表示する

プログラムパネルでタイトルクリップを選択した状態で、エフェクトコントロールパネルを表示します。または、エッセンシャルグラフィックスパネルを表示します。どちらのパネルでもフォントや色は同じ設定をおこなうことができます。

タイトルクリップを選択

エフェクトコントロールパネル

エッセンシャルグラフィックスパネル

235

02 フォントとサイズを設定する

[テキスト]のフォントメニューをクリックして、[フォントファミリー]を選択します。太字や斜め文字などのスタイルを選択できるフォントの場合は、[フォントスタイル]から選びます。

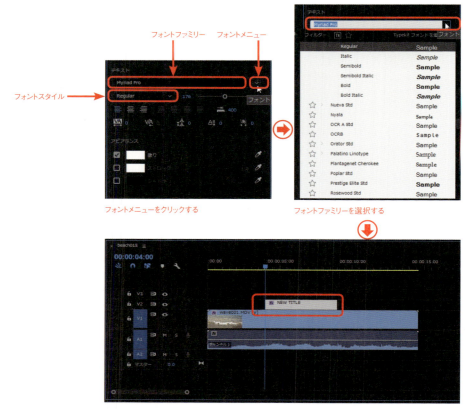

文字の大きさはスライダーで設定します。

スライダーを左右に動かす

03 文字の色を設定する

[アピアランス]で[塗り]と[ストローク]を設定します。[塗り]のカラー設定をクリックして[カラーピッカー]から色を選択します。[ストローク]のチェックボックスをオンにすると、文字に枠線を加えることができます。[ストローク]の右側にある数値で線の太さを設定します。

[塗り]のカラー設定をクリックする

[カラーピッカー]から色を選択する

[ストローク]のチェックボックスをオンにする

文字に色と枠線が付いた

---

04 影を加える

[アピアランス]の[シャドウ]のチェックボックスをクリックしてオンにします。シャドウの[カラー][不透明度][角度][距離][ブラー]をそれぞれ設定します。

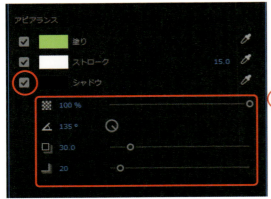
[シャドウ]のチェックボックスをオンにし、[シャドウ]の設定をする

文字にシャドウが付いた

▶▶方法2 [タイトルプロパティ]を使う（CC2017以前のバージョン）

01 タイトルプロパティでフォントを設定する

文字を選択した状態で、タイトルプロパティの[プロパティ]の左側の三角形をクリックして[フォントファミリー]でフォントを、[フォントスタイル]で文字の太さや斜め文字の選択をおこないます。文字の大きさは[フォントサイズ]で設定します。

タイトルプロパティでフォント、サイズを設定する

フォントを選択する

02 文字の色を設定する

タイトルプロパティにある[塗り]チェックボックスをクリックしてオンにし、[塗りの種類]の左側の三角形をクリックして[ベタ塗り]を選択します。[カラー]の右側にある色見本をクリックします。

[塗り]をオンにする

[ベタ塗り]を選択する

[カラー]の右側にある色見本をクリックする

カラーピッカー画面が表示されるので、色を設定します。

カラーピッカーで色を設定する

色が設定された

---

03 文字に光沢を加える

［塗り］プロパティの［光沢］チェックボックスをクリックしてオンにします。文字の塗りの中に、単色の光の筋が表示されます。［光沢］の左側の三角形をクリックして、［カラー］［不透明度］［角度］［オフセット］（光沢の位置）で光の筋を設定します。

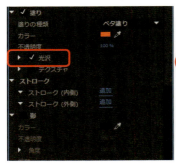
［光沢］チェックボックスをクリックしてオンにする

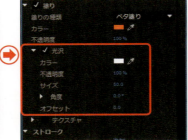
光沢の設定をおこなう

文字に光の筋が表示された

---

04 影を加える

タイトルプロパティの［影］のチェックボックスをクリックしてオンにします。［影］の左側の三角形をクリックして、［カラー］［不透明度］［角度］［距離］［サイズ］［スプレッド］（ぼかしの程度）をそれぞれ設定します。

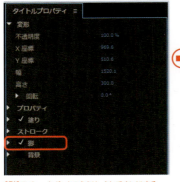
［影］のチェックボックスをクリックしてオンにする

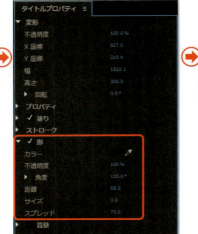
影の設定をおこなう

文字に影が表示される

239

083 文字や図形を入れる

文字を変形させる

文字の位置や幅と高さ、角度を設定します。文字の位置はX、Yの座標で表示されます。文字の高さはフォントサイズと同じ数値になっています。幅と高さはそれぞれ別に設定できるので、縦長や横長の文字にすることもできます。

- ▶▶方法1　文字の位置を変える
- ▶▶方法2　文字の大きさを変える
- ▶▶方法3　文字の角度を変える

（注）CC2018以降のバージョンでは［テキストトランスフォーム］、または［エッセンシャルグラフィックスパネル］で、CC2017以前のバージョンでは［レガシータイトル］の画面で文字の変形をおこないます。

▶▶方法1　文字の位置を変える（レガシータイトル）

文字の位置を設定します。［選択ツール］で描画エリア内の文字をドラッグするか、タイトルプロパティの［変形］で［X座標］［Y座標］の数値を設定します。［X座標］が横の位置、［Y座標］が縦の位置です。

選択ツール

描画エリアでドラッグする

［変形］の［X座標］［Y座標］の数値を設定する

▶▶方法1　文字の位置を変える（CC2018以降のバージョン）

エフェクトコントロールパネルのテキストトランスフォーム、またはエッセンシャルグラフィックスパネルで[位置]の数値を設定します。

エフェクトコントロールパネルのテキストトランスフォーム

エッセンシャルグラフィックスパネル

または、ツールバーの選択ツールでプログラムパネル上の文字クリップを直接ドラッグして移動します。

選択ツールで文字クリップを直接ドラッグ

▶▶方法2　文字の大きさを変える（レガシータイトル）

文字の幅、高さをそれぞれ設定します。タイトルプロパティの[幅]と[高さ]にそれぞれ数値を入力して大きさを変更します。[高さ]はプロパティの[フォントサイズ]と同じ数値になっています。

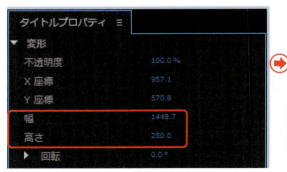

[幅]と[高さ]を設定する

縦長の文字

▶▶方法2　文字の大きさを変える（CC2018以降のバージョン）

エフェクトコントロールパネルのテキストトランスフォーム、またはエッセンシャルグラフィックスパネルで[スケール]の数値を設定します。[縦横比を固定]／[スケールをロック]をクリックしてオフにすると、縦長や横長の文字に設定することができます。

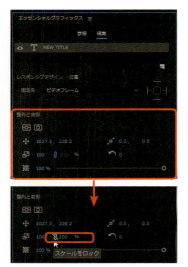

エッセンシャルグラフィックスパネルで[スケールをロック]をオフにする

エフェクトコントロールパネルのテキストトランスフォームで[縦横比を固定]をオフにする

各パネルで[テキスト]をクリックすると、プログラムパネル上の文字クリップにトランスフォームボックスが表示されるので、文字の四隅や辺の中央をドラッグして大きさを変えることもできます。

エフェクトコントロールパネルで[テキスト]をクリックする

エッセンシャルグラフィックスパネルで[テキスト]をクリックする

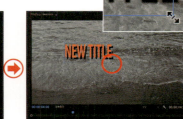

文字の四隅や辺の中央をドラッグする

▶▶方法3　文字の角度を変える（レガシータイトル）

タイトルプロパティの[変形]で[回転]を設定します。[回転]は文字の角度です。[回転]の左側の三角形をクリックして表示される円形のスライダーを使って角度をドラッグして設定することができます。

[回転]の設定

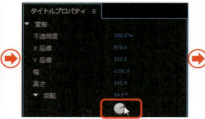
ドラッグして角度を設定する

文字の角度が変化する

▶▶方法3　文字の角度を変える（CC2018以降のバージョン）

エフェクトコントロールパネル、またはエッセンシャルグラフィックスパネルで[回転]の数値を設定します。

エッセンシャルグラフィックスパネルで[回転]の数値を設定する

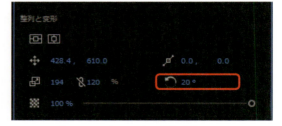
エッセンシャルグラフィックスパネルで[回転]の数値を設定する

文字の角度が変化する

243

084 テンプレートを使用する

文字や図形を入れる

テンプレートを使用する

あらかじめ用意されているモーショングラフィックステンプレートを使用して、簡単にタイトルやキャプションの設定をおこなうことができます。適用したテンプレートは編集することも可能です。

▶▶方法1 モーショングラフィックステンプレートを使う（CC2018以降のバージョン）

▶▶方法2 [タイトルスタイル]のプリセットを使う（レガシータイトル）

▶▶方法1 モーショングラフィックステンプレートを使う（CC2018以降のバージョン）

01 エッセンシャルグラフィックスパネルを表示する

ワークスペースを[グラフィック]に設定するか、ウィンドウメニューから[エッセンシャルグラフィックス]を選択して、[エッセンシャルグラフィックス]パネルを表示します。

ワークスペースを[グラフィック]に設定

ワークスペースから[グラフィック]を選択

ウィンドウメニューから[エッセンシャルグラフィックス]を選択

02 [参照]タブでテンプレートを確認する

エッセンシャルグラフィックスパネルの[参照]タブをクリックしてテンプレートを表示します。いくつかのテンプレートが種類別にフォルダで分類されています。

エッセンシャルグラフィックスパネルの[参照]タブ

244

03 テンプレートを適用する

エッセンシャルグラフィックスパネルから、使用したいテンプレートのサムネイルをタイムラインパネルのトラックへドラッグします。

グラフィッククリップが配置され、プログラムパネルにサンプルのテキストが表示されます。

サムネイルをタイムラインパネルのトラックへドラッグする

グラフィッククリップがトラックに配置される

グラフィッククリップのサンプルが表示される

---

04 テンプレートを編集する

プログラムパネルでテキストをダブルクリックして、サンプルのテキストを入力し直します。

フォントや色を編集する場合は、プログラムパネルでテキストをクリックして選択してから、エッセンシャルグラフィックスパネルの[編集]タブを開きます。
編集タブのテキストレイヤーをクリックして選択すると、テキストのフォントやアピアランスを編集することが可能になります。

テキストをダブルクリック

テキストを入力

エッセンシャルグラフィックスパネルの[編集]タブを開き、テキストレイヤーをクリック

テキストの編集画面

フォントが変更された

▶▶方法2　［タイトルスタイル］のプリセットを使う（レガシータイトル）

入力した文字を選択します。［タイトルスタイル］のプリセットを選び、クリックして適用します。文字にプリセットが適用されます。プリセットが適用された文字をさらに調整する場合は、［タイトルプロパティ］で設定をおこないます。

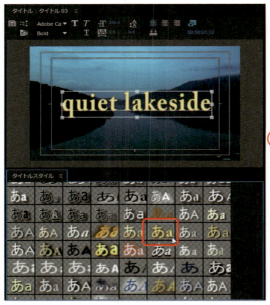

［タイトルスタイル］でプリセットをクリックすると文字に適用される

タイトルプロパティで設定する

085　文字や図形を入れる

図形をつくる

図形ツールを使って、文字以外に図形を作成します。図形は文字の背景にしたり、タイトルの飾りとして使用することができます。

▶▶方法1　［図形ツール］を使う

（注）CC2018以降のバージョンでは、ツールバーの図形ツールで図形を作成して、エッセンシャルグラフィックパネルで編集します。CC2017以前のバージョンでは、レガシータイトルの図形ツールで図形を作成します。

▶▶方法1　［図形ツール］を使う（レガシータイトル）

タイトル編集画面でツールバーの［図形ツール］をクリックして、描画エリアでドラッグします。図形ツールの種類は、［長方形］［斜角長方形］［三角形］［楕円］［角丸長方形(可変)］［角丸長方形］［円弧］［ライン］の8種類です。
shiftキーを押しながらドラッグすると縦横比が均等になり、Altキー(Macはoptionキー)を押しながらドラッグすると中心から描画できます。shiftキーとAltキー(Macはoptionキー)を押しながらドラッグすると、中心から縦横比が均等な図形を描画できます。

［図形ツール］

図形ツールで描画した例

247

▶▶方法1　[図形ツール]を使う（CC2018以降のバージョン）

01 図形ツールで図形をつくる

ツールバーの[ペンツール][長方形ツール][楕円ツール]を使ってプログラムパネル上でドラッグして図形を描画します。

[ペンツール][長方形ツール][楕円ツール]を選択

ドラッグして図形を描く

02 図形を編集する

エッセンシャルグラフィックパネルの[編集]タブで、それぞれのシェイプレイヤーをクリックして位置や大きさ、色などを編集します。

エッセンシャルグラフィックパネルの[編集]タブ

086　文字や図形を入れる

エンドロールをつくる

エッセンシャルグラフィックスパネルの[ロール]機能を使って、下から上へタイトルが移動する文字を作成します。キーフレームを使わずに動きを設定できるので、簡単にスタッフロールなどを作成することができます。

▶▶方法1　[ロール機能]を使う

（注）CC2018以降のバージョンでは、エッセンシャルグラフィックスパネルでロールを設定します。CC2017以前のバージョンでは、レガシータイトルのロール／クロールオプションでロールを設定します。

▶▶方法1　[ロール機能]を使う（レガシータイトル）

01　ロールタイトルを入力する

ファイルメニューで[新規]から[レガシータイトル]を選択します。タイトル画面が表示されるので、エンドロールに使用する文字を入力します。改行する場合はEnterキー（Macはreturnキー）を押します。

文字を改行しながら入力する

02 ロール・クロール設定をおこなう

[ロールクロールオプション]ボタンをクリック、またはタイトルメニューの[ロール・クロールオプション]をクリックします。[ロールクロールオプション]設定画面が表示されます。タイトルの種類を[ロール]に設定して、タイミングの[開始スクリーン]と[終了スクリーン]のチェックボックスをクリックしてオンにします。
左右に動かす場合は、タイトルの種類で[左にクロール]または[右にクロール]を選択します。

ロール・クロールオプションボタン

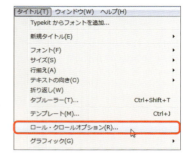
タイトルメニューの[ロール・クロールオプション]

【ロール・クロールの設定項目】
A タイトルの種類：
　　[静止][ロール][左にクロール][右にクロール]から選択する

●タイミング（フレーム数）
B [開始スクリーン][終了スクリーン]
　　オンにすると、タイトルクリップの開始時間に画面の外側からロール・クロールの動きが始まり、終了時間にすべての文字が画面の外側へ流れ終わる
C [プリロール][ポストロール]
　　ロール・クロールが始まるまでのフレーム数と、ロール・クロールが終わってからのフレーム数をそれぞれ入力する
D [加速][減速]
　　タイトルの表示速度を変更するフレーム数をそれぞれ入力する

ロール・クロールオプション画面

03 タイムラインに配置する

作成したエンドロールクリップをタイムラインパネルに配置します。ロール・クロールタイトルは動きの設定をしてありますが、静止画と同じ扱いなので、合成するクリップやサウンドに合わせて自由にトリミングして表示時間を調整することができます。ロール・クロールタイトルを短く設定すると、再生速度は速くなり、長く設定すると再生速度が遅くなります。

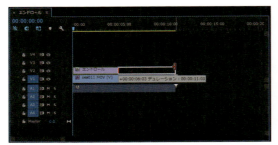
シーケンスに配置する

クリップに合わせてトリミングする

再生して確認する

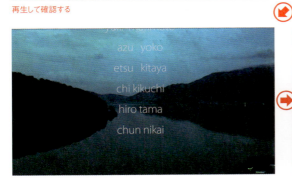

▶▶方法1　[ロール機能]を使う（CC2018以降のバージョン）

01　テキストクリップをロールに設定する

作成したテキストクリップを、タイムラインパネル上でクリックして選択した状態にします。エッセンシャルグラフィックスパネルの[編集]タブを開いて[レスポンシブデザイン・時間]の[ロール]チェックボックスをオンにします（ここでは、テキストロール用のテキストにテンプレートの「Film credits」を使用しています）。

テキストクリップ

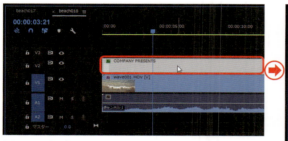

タイムラインパネル上でクリックして選択する

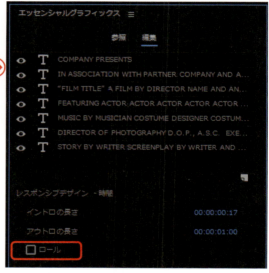

エッセンシャルグラフィックスパネルの[編集]タブを開いて[レスポンシブデザイン・時間]の[ロール]チェックボックスをオンにする

02　ロールの設定をおこなう

[ロール]をオンにすると、ロールの設定が表示されます。

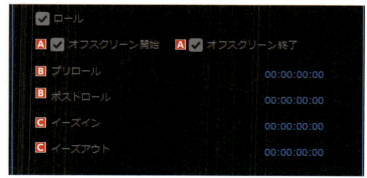

ロールの設定が表示される

[ロール]の設定項目

A
[オフスクリーン開始]
[オフスクリーン終了]
オンにすると、テキストクリップの開始時間に画面の外側からロールの動きが始まり、終了時間にすべての文字が画面の外側へ流れ終わる

B
[プリロール]
[ポストロール]
ロールが始まるまでのフレーム数と、ロールが終わってからのフレーム数をそれぞれ入力する

C
[イーズイン]
[イーズアウト]
タイトルの表示速度を変更するフレーム数をそれぞれ入力する

---

03 タイムラインで再生する長さを設定する

タイムラインパネルでロールクリップの長さをトリミングします。ロールクリップは短く設定すると再生速度が速くなり、長く設定すると再生速度が遅くなります。

ロールクリップの長さをトリミングする

再生したところ

087　文字や図形を入れる

単色の画面をつくる

黒やカラーの単色画面を作成します。黒画面（ブラックビデオ）はクリップが再生される前の準備時間としても使用できます。単色画面（カラーマット）は背景としても便利です。

▶▶方法1　[ブラックビデオ]を使う
▶▶方法2　[カラーマット]を使う

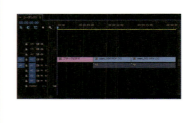

▶▶方法1　[ブラックビデオ]を使う

01　ブラックビデオをつくる

ファイルメニューの[新規]から[ブラックビデオ]を選択します。または、プロジェクトパネルの[新規項目]ボタンをクリックして[ブラックビデオ]を選択します。[新規ブラックビデオ]画面で、サイズとタイムベース、ピクセル縦横比を設定します。
作成されたブラックビデオはプロジェクトパネルに読み込まれます。

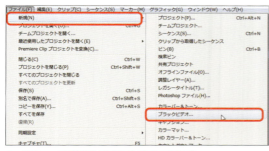

ファイルメニューの[新規]から[ブラックビデオ]を選択する

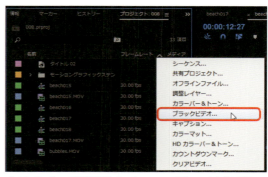

プロジェクトパネルの[新規項目]ボタンをクリックして[ブラックビデオ]を選択する

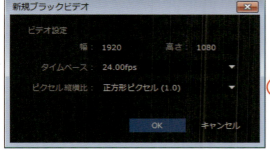

[新規ブラックビデオ]画面

プロジェクトパネルにブラックビデオが読み込まれる

254

02 タイムラインに配置する

作成したブラックビデオをタイムラインパネルのトラックにドラッグ&ドロップします。
ブラックビデオは静止画なので、自由にトリミングして表示時間を設定することができます。初期設定では静止画の継続時間は5秒に設定されています。

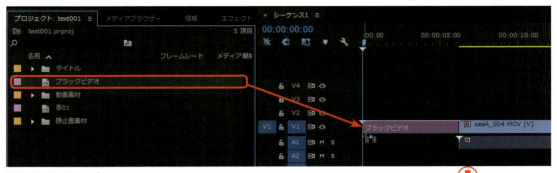

単色画面をドラッグ&ドロップする

ブラックビデオ

▶▶▶方法2　[カラーマット]を使う

01 カラーマットをつくる

ファイルメニューの[新規]から[カラーマット]を選択します。または、プロジェクトパネルの[新規項目]ボタンをクリックして[カラーマット]を選択します。

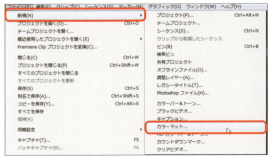

ファイルメニューの[新規]から[カラーマット]を選択する

プロジェクトパネルの[新規項目]ボタンをクリックして[カラーマット]を選択する

255

［新規カラーマット］画面で、サイズとタイムベース、ピクセル縦横比を設定します。OKをクリックすると、カラーピッカー画面が表示されるので色を設定します。

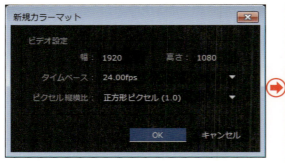

［新規カラーマット］画面

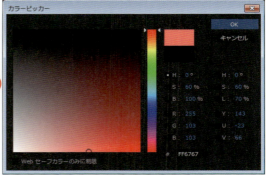

カラーピッカー

OKをクリックすると、［新規カラーマット名］の設定画面が表示されるので、カラーマットの名前を設定します。作成されたカラーマットはプロジェクトパネルに読み込まれます。

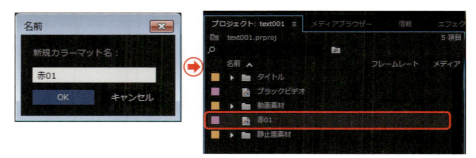

プロジェクトパネルにカラーマットが読み込まれた

02 タイムラインに配置する

作成したカラーマットをタイムラインパネルのトラックにドラッグ&ドロップします。

カラーマットは静止画なので、自由にトリミングして表示時間を設定することができます。初期設定では静止画の継続時間は5秒に設定されています。

カラーマット

088　文字や図形を入れる

グラデーションの画面をつくる

グラデーション画面の背景を作成します。［カラーカーブ］エフェクトは、グラデーションの形や色を自由に設定することができます。

▶▶方法1　［カラーカーブ］を使う

▶▶方法1　［カラーカーブ］を使う

動画クリップ、またはカラーマットなどの静止画クリップに［ビデオエフェクト］→［描画］から［カラーカーブ］をドラッグ＆ドロップして適用します。エフェクトコントロールパネルで、カラーカーブの設定をおこないます。

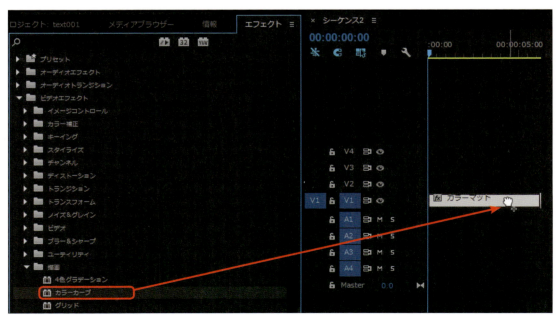

エフェクト［描画］の［カラーカーブ］をドラッグ＆ドロップする

【カラーカーブの設定項目】

A カーブの開始
グラデーションの開始位置を設定する

B 開始色
［カーブの開始］で設定した位置から始まるグラデーションの色を設定する

C カーブの終了
グラデーションの終了位置を設定する

D 終了色：
［カーブの終了］で設定した位置で終わるグラデーションの色を設定する

E カーブシェイプ：
［直線カーブ］［放射カーブ］からグラデーションの形を選択する

F カーブ拡散
グラデーション部分のぼかしの程度を設定する

G 元の画像とブレンド
元のクリップとの合成の程度を設定する

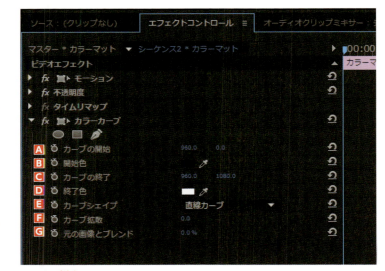

カラーカーブ設定

［放射カーブ］の例

［直線カーブ］の例

089 文字や図形を入れる

カラーバーをつくる

映像のはじめに表示するビデオ、オーディオ機器の調整の目安のためのカラーバー&トーンを作成します。カラーバー&トーンには標準カラーバーとHDカラーバーがあります。

▶▶方法1　［カラーバー&トーン］を使う

▶▶方法1　［カラーバー&トーン］を使う

01　カラーバー&トーンをつくる

ファイルメニューの［新規］から［カラーバー&トーン］または［HDカラーバー&トーン］を選択します。あるいは、プロジェクトパネルの［新規項目］ボタンをクリックして［カラーバー&トーン］［HDカラーバー&トーン］を選択します。

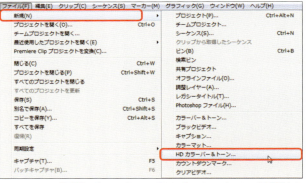

ファイルメニューの［新規］から［カラーバー&トーン］または［HDカラーバー&トーン］を選択する

プロジェクトパネルの［新規項目］ボタンをクリックして［カラーバー&トーン］［HDカラーバー&トーン］を選択する

259

カラーバー&トーンの設定画面が表示されるので設定をおこないOKボタンをクリックします。作成したカラーバー&トーンはプロジェクトパネルに読み込まれます。

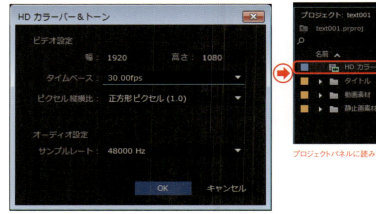
HDカラーバー&トーンの設定画面

プロジェクトパネルに読み込まれた

02　カラーバー&トーンの継続時間を設定する

カラーバー&トーンをタイムラインパネルに配置します。すでに編集済みのシーケンスに配置する場合は、はじめにプロジェクトパネル上でカラーバー&トーンを右クリック（Macはcontrolキー+クリック）して［速度・デュレーション］を選択、またはクリップメニューの［速度・デュレーション］を選択します。［クリップ速度・デュレーション］画面が表示されるので、使用する長さに［デュレーション］を設定します。ここでは30秒に設定しています。

カラーバー&トーンを右クリック（Macはcontrolキー+クリック）して
［速度・デュレーション］を選択する

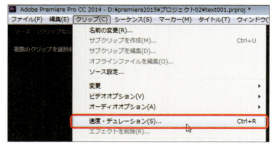
クリップメニューの［速度・デュレーション］を選択する

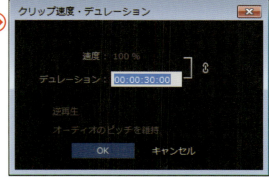
［クリップ速度・デュレーション］画面

03 タイムラインにカラーバー&トーンを配置する

すでにクリップが配置されているシーケンスにカラーバー&トーンを配置する場合は、Ctrlキー（Macは⌘キー）を押しながらシーケンスの最初のフレームへカラーバー&トーンをドラッグして、インサートさせます。

Ctrlキー（Macは⌘キー）を押しながらシーケンスの最初のフレームへカラーバー&トーンをドラッグする

カラーバー&トーンがインサートされた

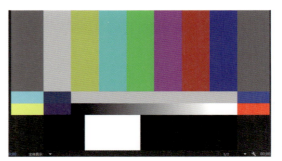

HDカラーバー&トーン

090　文字や図形を入れる

カウントダウンをつくる

Premiere Proでは、あらかじめ設定されているカウントダウンマークを簡単に作成することができます。カウントダウンマークは、数字の色と背景の色を変更することも可能です。

▶▶方法1　[カウントダウンマーク]を使う

▶▶方法1　[カウントダウンマーク]を使う

01　カウントダウンマークをつくる

ファイルメニューの[新規]から[カウントダウンマーク]を選択します。またはプロジェクトパネルの[新規項目]ボタンをクリックして[カウントダウンマーク]を選択します。新規カウントダウンマークの設定画面が表示されるので、サイズとタイムベース、ピクセル縦横比、オーディオの設定をおこないOKボタンをクリックします。

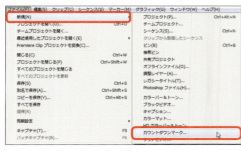

ファイルメニューの[新規]から[カウントダウンマーク]を選択する

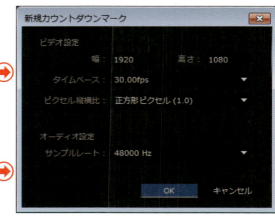

新規カウントダウンマークの設定画面

プロジェクトパネルの[新規項目]ボタンをクリックして[カウントダウンマーク]を選択する

カウントダウンマーク設定画面が表示されるので、背景の色と数字の色の設定をおこないます。
作成したカウントダウンはプロジェクトパネルに読み込まれます。

カウントダウンマーク設定画面　　　　　　　　　　　プロジェクトパネルに読み込まれた

02 タイムラインにカウントダウンマークを配置する

すでにクリップが配置されているシーケンスにカウントダウンマークを配置する場合は、Ctrlキー（Macは⌘キー）を押しながらシーケンスの最初のフレームへカウントダウンマークをドラッグして、インサートさせます。

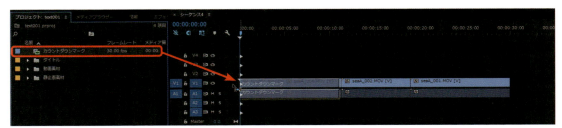

Ctrlキー（Macは⌘キー）を押しながらシーケンスの最初のフレームへカウントダウンマークをドラッグする

カウントダウンマークがインサートされた

  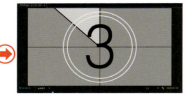

カウントダウンマーク

091　文字や図形を入れる

映像と音を別々に扱う

動画のクリップは、映像と音がリンクされています。映像と音のリンクを解除して別々のクリップとして扱う場合は、映像と音のリンク解除をおこないます。

▶▶方法1　[リンク解除]を使う
▶▶方法2　[リンク]を使う

▶▶方法1　[リンク解除]を使う

01　クリップメニューの[リンク解除]を選択

シーケンスに配置したクリップを選択した状態で、クリップメニューの[リンク解除]を選択します。または、クリップを右クリック（Macはcontrolキー＋クリック）して[リンク解除]を選択します。

リンクされた映像と音のクリップを選択する

クリップメニューの[リンク解除]を選択する

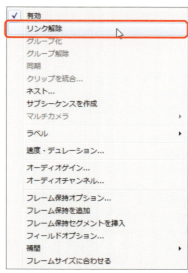

クリップを右クリック（Macはcontrolキー＋クリック）して[リンク解除]を選択する

02 リンクが解除される

映像と音のリンクが解除され、それぞれ別々のクリップとして編集することができるようになりました。

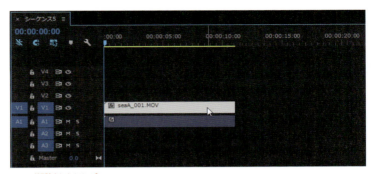

リンクが解除されたクリップ

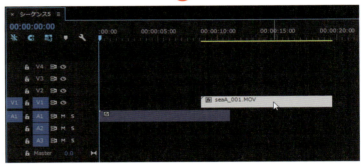

映像と音を切り離し個別に編集できる

▶▶方法2　［リンク］を使う

01 別々の映像と音のクリップを選択する

別々のクリップである映像と音のクリップをリンクさせて1つのクリップとして扱います。映像と音のクリップをシーケンスで両方選択します。

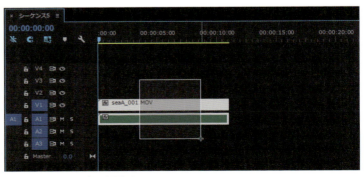

別々の映像と音のクリップを両方選択する

265

02 クリップメニューの[リンク]を選択

クリップメニューの[リンク]を選択します。または、クリップを右クリック（Macはcontrolキー＋クリック）して[リンク]を選択します。

クリップメニューの[リンク]を選択する

クリップを右クリック（Macはcontrolキー＋クリック）して[リンク]を選択する

---

03 リンクされる

別々のクリップが1つにリンクされ、ドラッグすると同時に移動します。

別々のクリップが1つにリンクされた

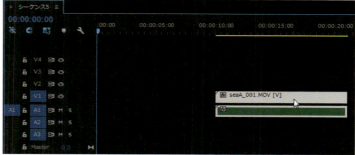

フレーム上でひとつのクリップとして扱える

> **MEMO**

レガシータイトルと図形文字ツールの追加

Premiere Pro CC2018バージョンより、ツールバーに［横書き文字ツール］［縦書き文字ツール］［ペンツール］［長方形ツール］が追加されました。これらのツールを使用して、プログラムパネル上で直接文字や図形を描き加えることができるようになりました。文字や図形の編集はエフェクトコントロールパネルやエッセンシャルグラフィックスパネルでおこないます。

CC2017バージョンまで使用されていた［タイトル］機能は［レガシータイトル］と名前が変更され、旧バージョンの互換用として残されています。

文字ツール

図形ツール

プログラムパネルで描画、入力する

エフェクトコントロールパネル

エッセンシャルグラフィックスパネル

レガシータイトルはファイルメニューの新規で作成する

レガシータイトル画面

267

092　サウンドを編集する

波形を見て編集に使う場所を探す

映像よりも音のタイミングに合わせて編集に使う場所を決める場合があります。会話のシーンや鳥が鳴くシーンなどがそれで、このときはタイムラインでサウンドの波形を表示し、その波形を見て編集に使う場所を探します。

▶▶方法1　ソースモニターの波形マークをクリックする

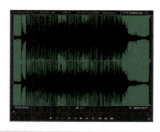

▶▶方法1　ソースモニターの波形マークをクリックする

01　サウンドを持った映像クリップ

わかりやすい例として花火が打ち上がるムービークリップを使ってみましょう。図のように暗闇の中で花火が打ち上がるムービーです。この打ち上げの直前から編集に使うとします。映像を送れば花火が打ち上がる瞬間はわかりますが、これをサウンドの波形で探してみましょう。

花火の打ち上げのムービークリップ

02 クリップをソースモニターに表示する

プロジェクトパネルで花火のクリップをダブルクリックすると自動的にソースモニターに切り替わってクリップが表示されます。

クリップをダブルクリックしてソースモニターに表示

03 波形を表示する

ソースモニターの下にある波形マークをクリックするとクリップのサウンド波形が表示されます。これを見ると音が急に立ち上がっている箇所があることがわかります。これが花火が打ち上がった瞬間です。遠くで打ち上がっているので映像と音には多少ズレが生じていますが、それでも打ち上げ付近のフレームがひと目でわかり、このフレーム付近を編集のイン点に設定します。

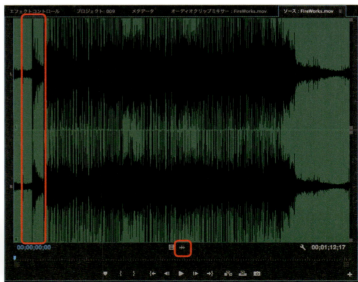

波形マークをクリックして波形を表示すると打ち上げの瞬間がひと目で分かる

093 サウンドを編集する

オーディオトラックに波形を表示する

会話シーンのムービークリップで会話の途切れ目を探す場合、そのクリップのサウンド波形を見れば音のない場面は一目瞭然です。ここではタイムラインでサウンド波形を表示させる方法を説明します。

▶▶方法1　オーディオトラックを広げる

▶▶方法1　オーディオトラックを広げる

01　クリップをタイムラインに配置する

二人が会話しているムービークリップをタイムラインに配置しました。V1トラックに映像、A1トラックにサウンドが配置されます。

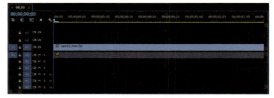

サウンドを持ったムービークリップをタイムラインに配置する

02　ビデオトラックを広げる

はじめにビデオトラックの高さを広げて映像のサムネールを表示してみましょう。V1トラックとV2トラックの境界線にポインタを持っていくとポインタが上下ドラッグのマークに変化します。この状態で上にドラッグするとV1トラックの高さが広がり、映像のサムネールが現れます。

トラックの境界を上にドラッグしてビデオトラックを広げる

03　オーディオトラックを広げる

同様に、今度はA1トラックとA2トラックの境界を下にドラッグします。そうするとサウンド波形が表示されます。波形の小さくなっている部分が会話の途切れ目で、音のない状態です。このように波形を見ることで編集がしやすくなることもあります。

トラックの境界を下にドラッグしてオーディオトラックを広げる

094 サウンドを編集する

ナレーションを録音する

Premiere Pro上で編集した映像にナレーションを追加することができます。PCのオーディオデバイスを使って録音するわけですが、映像を再生しながら録音するのでタイミングやスピードなど映像にマッチしたナレーションが録音できます。

▶▶方法1 オーディオトラックミキサーで録音する

▶▶方法1 オーディオトラックミキサーで録音する

01 オーディオデバイスを確認する

ナレーションの録音を開始する前にオーディオデバイスの確認をします。編集メニュー（MacではPremiere Pro CCメニュー）の［環境設定］から［オーディオハードウェア］を選んでオーディオデバイスが指定されているかどうかを確認します。指定されているもののうまく動作していない場合は録音を開始するとアラートが表示されるので、その場合再度この設定でオーディオデバイスを確認あるいは変更します。

［環境設定］でオーディオデバイスが指定されているか確認する

02 ほかのオーディオトラックをミュートする

ナレーションを録音する際に、ムービーの音や音楽の音量が大きいと録音のじゃまになります。ですので、必要のないオーディオトラックは消音にしておきます。方法はオーディオトラックにある［M］マークをクリックしてミュートさせるだけです。録音が終わったら再び［M］マークをクリックしてミュートを解除してください。

録音のじゃまになる音はミュートしておく

271

03 録音の開始フレームを頭出しする

録音を開始するフレームに再生ヘッドを移動して頭出ししておきます。録音をスタートさせていきなりしゃべり始めるのは難しいので、余裕を持って手前を頭出ししておくとよいでしょう。

録音開始フレームを頭出ししておく

04 オーディオトラックミキサーを表示する

ウィンドウメニューで［オーディオトラックミキサー］を選んでオーディオトラックミキサーを表示します。ここで録音をコントロールするわけですが、まず録音するオーディオトラックを指定します。ここではA2トラックに録音したいのでA2トラックの［R］マークをクリックして録音指定しておきます。

録音をコントロールするオーディオトラックミキサー

05 録音を開始する

オーディオトラックミキサーの下にある赤い[録音]ボタンをクリックして録音待機状態にし、次に[再生]／[停止]ボタンをクリックして録音を開始します。スペースバーを押しても再生されるので、好みに応じた録音の開始をしてください。録音している間はオーディオ入力のレベルが表示されます。録音を終了するときは再び[再生]／[停止]ボタンをクリックするかスペースバーを押します。

[録音]と[再生]／[停止]ボタンで録音を開始する

06 オーディオトラックにナレーションが収録される

録音が完了すると指定したA2トラックにナレーションのクリップが追加されます。録音しなおす場合はこのクリップを消去して再び同じ操作をおこないます。録音が終了したらA2トラックの録音指定を外して、ほかのトラックのミュートも解除します。

A2トラックにナレーションのクリップが追加される

07 ナレーションクリップの完成

プロジェクトパネルを見ると、録音したナレーションのクリップが読み込まれています。これらのファイルはファイルメニューの[プロジェクト設定]→[スクラッチディスク]を選ぶと表示されるプロジェクト設定ダイアログボックスの[キャプチャしたオーディオ]で指定した場所に保存されています。

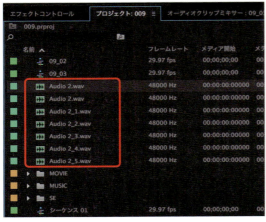

プロジェクトパネルに録音したナレーションクリップが読み込まれている

ファイルは[プロジェクト設定]で指定した場所に保存されている

273

095　サウンドを編集する

音量を変更する

ムービークリップの音量は撮影した状態によりまちまちです。また、音楽とミックスするために音量バランスを整えることもあります。ここではタイムラインに配置したクリップごとの音量設定方法とオーディオトラック全体の音量の設定方法、さらに音量を変化させる方法を説明します。

- ▶▶方法1　クリップの音量を変更する
- ▶▶方法2　音量を変化させる
- ▶▶方法3　オーディオトラックの音量を設定する

▶▶方法1　クリップの音量を変更する

01　タイムラインで音量を変更する

タイムラインのオーディオトラックの境界をドラッグしてトラックの高さを広げ、操作がしやすいようにしておきます。わかりづらいですが[L]と[R]の間にボリュームのラバーバンドがあります。ここにポインタを持っていくとポインタが上下のドラッグマークに変化するので、その状態で上下にドラッグするとクリップの音量が変わります。

音量のラバーバンドをドラッグして音量を変更する

02　エフェクトコントロールパネルで音量を変更する

クリップを選択した状態でエフェクトコントロールパネルを見ると[オーディオエフェクト]のプロパティがあります。ここの[ボリューム]の三角マークをクリックして開き、[レベル]の値を変更して音量を変えます。値の変更方法は、数値の上をドラッグ、数値をクリックして値を直接入力、[レベル]を開いてスライダをドラッグ、の3種類があります。

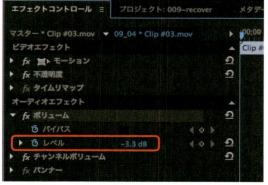

[ボリューム]の[レベル]の値を変更する

03 オーディオクリップミキサーで音量を変更する

ウィンドウメニューで[オーディオクリップミキサー]を選んでオーディオクリップミキサーを表示します。クリップの配置されているトラックのスライダをドラッグするか、スライダの下に表示されている数値を変更して音量を変えます。

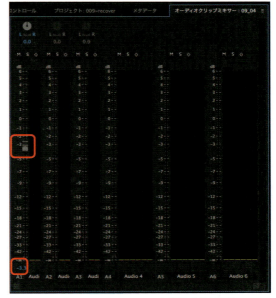

オーディオクリップミキサーのボリュームスライダと数値で音量を変更する

▶▶方法2　音量を変化させる

01 タイムラインでボリュームのキーフレームを設定する

音量を変化させるために[ボリューム]のキーフレームを設定します。最初はタイムラインでのキーフレーム設定方法を説明します。まず[ペンツール]を選び、オーディオトラックのラバーバンドの上でクリックするとキーフレームが設定されます。[選択ツール]のままでも、Ctrlキー（Macでは⌘キー）を押しながらクリックするとキーフレームを設定できます。キーフレームを複数設定したらいずれかのキーフレームを上下にドラッグして音量を変えます。これで2つのキーフレーム間で音量が変化するようになります。

ペンツールを選択する

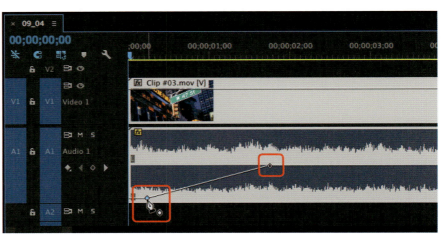

ラバーバンドをクリック&ドラッグしてキーフレームと音量を設定する

275

02 エフェクトコントロールパネルで [ボリューム] のキーフレームを設定する

音量が変わる最初のフレームに再生ヘッドを移動し、エフェクトコントロールパネルの [ボリューム] にある [レベル] の値を変更するとそのフレームにキーフレームが設定されます。次に音量変化の終わるフレームに再生ヘッドを移動し、そこで [レベル] の値を変更するとそのフレームにもキーフレームが設定されます。これで2つのキーフレーム間で音量が変化するようになります。

[ボリューム] の値を変えると自動的にキーフレームが設定される

▶▶方法3 オーディオトラックの音量を設定する

細かくつないだすべてのムービークリップの音を小さくして音楽を目立たせたい、といった場合は、ムービークリップのオーディオが配置されているトラックの音量を下げます。これでそのトラックに配置されているすべてのクリップの音量が下がります。方法はウィンドウメニューで [オーディオトラックミキサー] を選んでオーディオトラックミキサーを表示し、音量を変えたいトラックのスライダをドラッグするか、スライダの下に表示されている数値を変更して音量を変えます。

オーディオトラックミキサーのボリュームスライダと数値で音量を変更する

096 サウンドを編集する

左右のバランスを変える

ムービークリップやサウンドクリップの左右バランスを変える方法を説明します。左右バランスの変更は大きく分けてクリップ自体のバランスを変える方法とオーディオトラックの左右バランスを変える方法に分かれますが、どちらもホイールで調整するだけです。

- ▶▶方法1　クリップサウンドの左右バランスを変更する
- ▶▶方法2　クリップサウンドの左右バランスを変化させる
- ▶▶方法3　オーディオトラックの左右バランスを変更する

▶▶方法1　クリップサウンドの左右バランスを変更する

01　エフェクトコントロールパネルで左右バランスを変更する

クリップを選択した状態でエフェクトコントロールパネルを見ると[オーディオエフェクト]のプロパティがあります。ここの[パンナー]の三角マークをクリックして開き、[バランス]の値を変更して左右のバランスを変えます。値を上げるほど音は右に寄り、下げるほど左に寄ります。値の変更方法は、数値の上をドラッグ、数値をクリックして値を直接入力、[バランス]を開いてスライダをドラッグ、の3種類があります。

[パンナー]の[バランス]の値を変更する

02　オーディオクリップミキサーで左右バランスを変更する

ウィンドウメニューの[オーディオクリップミキサー]を選んでオーディオクリップミキサーを表示します。クリップの配置されているトラックの一番上にあるパンホイールをドラッグして回すか、ホイールの下に表示されている数値を変更して左右のバランスを変えます。

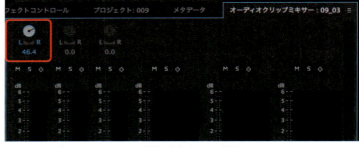

オーディオクリップミキサーのパンホイールと数値で左右バランスを変更する

03 タイムラインで左右バランスを変更する

タイムラインパネルのオーディオトラックの境界をドラッグしてトラックの高さを広げ、操作がしやすいようにしておきます。次にオーディオトラックの[fx]マークを右クリック（Macではcontrolキー＋クリック）して[パンナー]の[バランス]を選びます。見た目に変化はありませんが、[L]と[R]の間にあるラバーバンドが、左右バランス用のものに変わります。このラバーバンドを上下にドラッグすると左右のバランスが変化します。具体的には、上にドラッグすると音が左に寄り、下にドラッグすると右に寄ります。この方法はラバーバンドの種類が何になっているかがひと目で判別できないので注意が必要です。

［fx］マークを右クリックして［パンナー］の［バランス］を選ぶ

左右バランスのラバーバンドをドラッグしてバランスを変更する

▶▶方法2　クリップサウンドの左右バランスを変化させる

01 エフェクトコントロールパネルで［バランス］のキーフレームを設定する

左右バランスを変化させるために[バランス]のキーフレームを設定します。まず左右のバランスが変わる最初のフレームに再生ヘッドを移動し、エフェクトコントロールパネルの[パンナー]にある[バランス]の値を変更するとそのフレームにキーフレームが設定されます。次にバランス変化の終わるフレームに再生ヘッドを移動し、そこで[バランス]の値を変更するとそのフレームにもキーフレームが設定されます。これで2つのキーフレーム間で左右のバランスが変化するようになります。

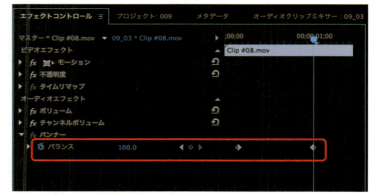
［バランス］の値を変えると自動的にキーフレームが設定される

02 タイムラインで［バランス］のキーフレームを設定する

タイムラインでのキーフレーム設定方法も説明しておきましょう。まずオーディオトラックの［fx］マークを右クリック（Macではcontrolキー＋クリック）してオーディオのラバーバンドを［バランス］にしておきます。次に［ペンツール］を選び、オーディオトラックのラバーバンドの上でクリックすると、キーフレームが設定されます。［選択ツール］のままでも、Ctrlキー（Macでは⌘キー）を押しながらクリックすると、キーフレームを設定できます。キーフレームを複数設定したら、いずれかのキーフレームを上下にドラッグして左右バランスを変えます。これで2つのキーフレーム間で左右のバランスが変化するようになります。

ペンツールを選択する

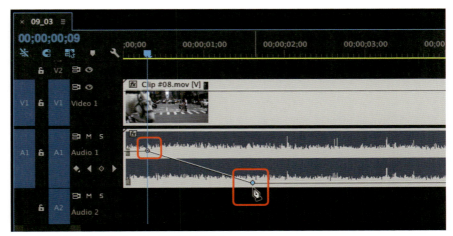

ラバーバンドをクリック&ドラッグしてキーフレームと音量を設定する

▶▶方法3　オーディオトラックの左右バランスを変更する

トラック全体の左右バランスを変更する方法を説明します。まずウィンドウメニューで［オーディオトラックミキサー］を選んでオーディオトラックミキサーを表示します。次に左右のバランスを変えたいトラックのパンホイールをドラッグして回転するか、ホイールの下に表示されている数値を変更して左右のバランスを変えます。

オーディオトラックミキサーのボリュームスライダと数値で音量を変更する

097 サウンドを編集する
音の切り替わりをスムーズにする

編集でムービークリップをつなげたときにつなぎ目で音にブツッというノイズが乗ったり突然音量が大きくなるなどの不自然な切り替わりになる場合があります。そのようなときは音の切り替わりをフェードすることで自然になります。

▶▶方法1　音をクロスフェードする

▶▶方法1　音をクロスフェードする

01　クリップを配置する

2つのムービークリップをタイムラインに配置します。このクリップの切り替え時に音がスムーズに切り替わるようにします。

2つのクリップをタイムラインに配置する

02　［オーディオトランジション］を選ぶ

エフェクトパネルの［オーディオトランジション］にある［クロスフェード］の三角マークをクリックして開きます。そうするとクロスフェードのトランジションが3種類あることがわかります。これらはいずれも最初のクリップの音をフェードアウトさせつつ次のクリップの音をフェードインさせるクロスフェード効果ですが、クリップによっては直線的な音量変化で切り替えると、切り替え時に音が小さくなってしまう場合があります。そのような現象を解消するための効果が［コンスタントゲイン］と［コンスタントパワー］です。クリップによって効果は変わってくるので、聴き比べてどちらかを選ぶとよいでしょう。ここでは［コンスタントパワー］を選びました。

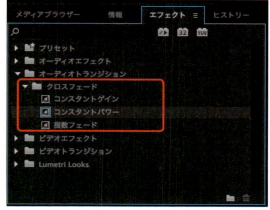

［オーディオトランジション］の［クロスフェード］には3種類の効果がある

03 オーディオトランジションを適用する

[クロスフェード]の[コンスタントパワー]をオーディオトラックのクリップの間にドラッグします。これで2つのクリップの切り替え時に音がクロスフェードするようになります。

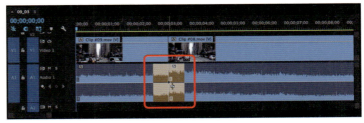

オーディオトランジションをクリップの間にドラッグする

04 トランジションの長さを調整する

クロスフェードする時間を変更してみましょう。方法は2つあります。まず最初の方法はオーディオトラックのトランジションマークの端をドラッグして長さを変更する方法です。変更後の長さが数字で表示されるので、これを確認しながらドラッグします。もう1つの方法は、トランジションマークをダブルクリックして[トランジションのデュレーションを設定]ダイアログボックスを表示し、長さの数値を変更する方法です。新しい長さを入力したら[OK]をクリックします。

オーディオトラックのトランジションマークの端をドラッグする

[トランジションのデュレーションを設定]ダイアログボックスで新しい数値を入力する

098　サウンドを編集する

音量を適切におさえる

クリップ単体や編集結果で音量がオーディオメーターのピークを越えてしまう大音量になってしまう場合があります。その場合は最大音量時にピークを越えないように音量をおさえる操作をおこないます。こういったピークを指定して音量におさえる操作をノーマライズと言います。

▶▶方法1　クリップの音量をノーマライズする
▶▶方法2　マスタートラックをノーマライズする

▶▶方法1　クリップの音量をノーマライズする

01　クリップのオーディオ波形を表示

プロジェクトパネルでクリップをダブルクリックしてソースモニターに表示します。次にソースモニターの波形マークをクリックしてクリップのオーディオ波形を表示します。このクリップの波形は上下いっぱいに広がりピークを越えていることがわかります。

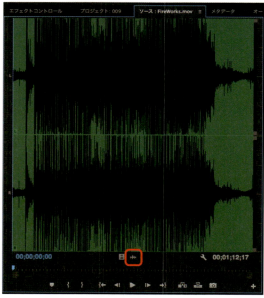

クリップのオーディオをソースモニターに表示する

02 クリップをプレビューしてピークを確認する

ソースモニターの[再生]/[停止]ボタンをクリックしてクリップをプレビューするとオーディオメーターのピークランプが点灯してここでもピークを越えていることが確認できます。

プレビューするとオーディオメーターのピークランプが点灯する

03 クリップのオーディオをノーマライズする

ソースモニターを選択した状態でクリップメニューの[オーディオオプション]から[オーディオゲイン]を選びます。そうすると[オーディオゲイン]のダイアログボックスが開きます。ここでクリップの音量を設定でき、クリップ内のすべてのピークの音量をおさえたい場合は[すべてのピークをノーマライズ]にチェックを入れます。次にピークの変更後の音量を設定します。初期設定の[0dB]はピークと同じ音量なので、ここでは余裕をみて[-4dB]にしました。[OK]をクリックするとクリップ音量の解析とノーマライズが始まります。

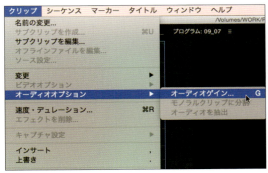

クリップメニューの[オーディオオプション]から[オーディオゲイン]を選ぶ

クリップ音量の変更設定をおこなう

04 クリップのノーマライズを確認する

ノーマライズが完了すると波形の幅が縮まり、ピーク部分の音量をおさえたことがわかります。プレビューしてオーディオメーターのピークランプが点灯しないことを確認します。

オーディオ波形の幅が縮まる

▶▶方法2　マスタートラックをノーマライズする

01　編集結果をプレビューする

次に編集結果の音量全体の調整方法を説明します。編集でクリップと音楽をミックスさせました。まずはこれをプレビューしてみましょう。

クリップと音楽をミックスさせた編集

02　オーディオメーターでピークを確認する

プレビュー中に音量がピークを越すと、オーディオメーターのピークランプが点灯します。そのような場合は、ピークをおさえるために全体の音量を下げますが、ピークを越えた箇所が複数ある場合や波形を見てもどの部分がピークを越えたのか不明な場合は、これからおこなう操作でマスタートラックを適切な音量にします。そのためにまずウィンドウメニューで［オーディオトラックミキサー］を選んでオーディオトラックミキサーを表示します。プレビューするとオーディオトラックミキサーでもピークランプが点灯することがわかります。

音量のピークを越すとピークランプが点灯する

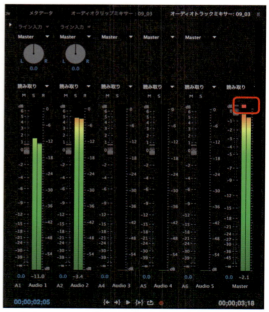

オーディオトラックミキサーを表示する

03 マスタートラックをノーマライズする

タイムラインパネルで編集したシーケンスを選択した状態でシーケンスメニューの[マスタートラックをノーマライズ]を選びます。そうするとピークのレベルを設定するダイアログボックスが表示されます。通常のピークは[0dB]ですが、CDや放送の場合は余裕を持ったピークにしてあります。ここではピークの設定を[-6dB]にしました。[OK]をクリックするとノーマライズが開始します。

[トラックをノーマライズ]ダイアログボックスでピークレベルを指定する

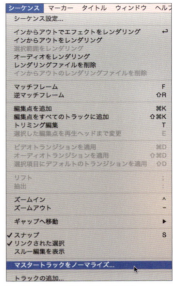

シーケンスメニューの[マスタートラックをノーマライズ]を選ぶ

04 ピークの解消を確認する

ノーマライズの計算が終わると、ピーク時の音量が-6dBになるようにマスタートラックの音量が自動設定されます。再度プレビューしてピークランプが点灯しないことを確認します。

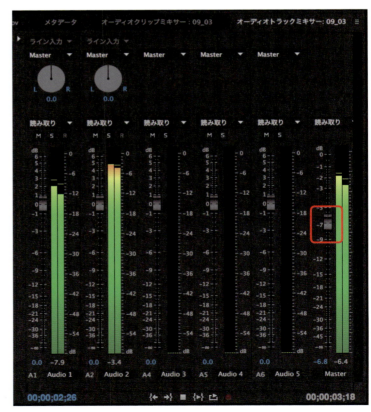

マスタートラックの音量が下がりピークが解消される

285

099 サウンドを編集する

サウンド効果を加える

オーディオエフェクトを適用してサウンドにさまざまな効果を加えることができます。ここではクリップとトラックに対するオーディオエフェクトの適用方法と代表的なエフェクトの調整方法を説明します。

▶▶方法1　クリップにオーディオエフェクトを適用する
▶▶方法2　トラックにオーディオエフェクトを適用する

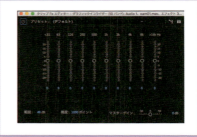

▶▶方法1　クリップにオーディオエフェクトを適用する

01 クリップにオーディオエフェクトを適用する

エフェクトパネルの[オーディオエフェクト]を開き、エフェクトをタイムラインに配置したクリップのオーディオトラックにドラッグします。これでそのクリップにオーディオエフェクトが適用されます。

オーディオエフェクトをオーディオトラックにドラッグする

02 エフェクトコントロールパネルでエフェクトを調整する

クリップを選択した状態でエフェクトコントロールパネルを見ると適用したオーディオエフェクトのプロパティがあり、ここでエフェクトの調整をおこないます。

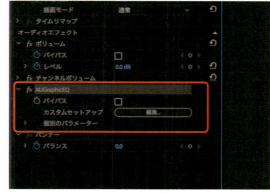

エフェクトコントロールパネルでエフェクトの設定をする

03 リバーブエフェクトの設定

代表的なエフェクトの設定例を紹介しましょう。まず、音に残響を加えるリバーブエフェクトです。ここでは[スタジオリバーブ]エフェクトを適用しました。エフェクトコントロールパネルの[スタジオリバーブ]で[編集]をクリックすると設定ウインドウが開きます。ここで細かい数値設定をするわけですが、簡単な方法はプリセットを使う方法です。[プリセット]をクリックすると残響のプリセットがメニュー表示されるので、この中から任意の残響を選びます。

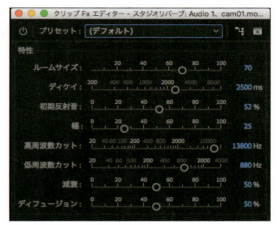

エフェクトコントロールパネルの[Convolution Reverb]で[編集]をクリック

[Convolution Reverb]の設定ウインドウ

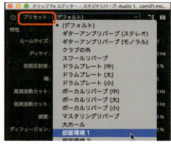

[Convolution Reverb]に用意されているプリセット

04 イコライザーエフェクトの設定

次に音の特定周波数部分を強調させるためのイコライザーエフェクトの設定方法を紹介します。イコライザーは単に音声や楽器の音を強調するだけでなく、空調や電気ノイズなどをカットするためにも使用できます。ここではイコライザーエフェクトの代表例として[グラフィックイコライザー（10バンド）]エフェクトの設定方法を説明します。[EQ]を適用し、エフェクトコントロールパネルの[グラフィックイコライザー（10バンド）]にある[編集]をクリックします。

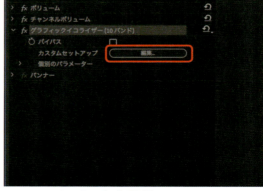

エフェクトコントロールパネルの[EQ]で[編集]をクリック

287

すると設定ウインドウが開きます。ここで操作する周波数を指定してその周波数の音量を設定します。この操作は実際に音を聞きながら操作してコツをつかんでいきますが、まずはプリセットを使用するとよいでしょう。[プリセット]をクリックし、メニューから低音強調や高音強調などのイコライズパターンを選びます。これらのプリセットでイコライザー効果を実際に聞いてみてください。

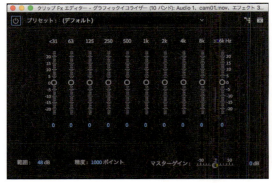

[EQ]の設定ウインドウ

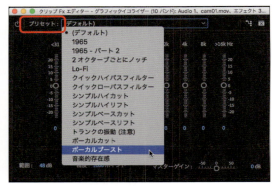

[EQ]に用意されているプリセット

▶▶方法2　トラックにオーディオエフェクトを適用する

01　オーディオトラックミキサーを表示

ウィンドウメニューの[オーディオトラックミキサー]を選んでオーディオトラックミキサーを表示します。次にオーディオトラックミキサーの左上にある三角マークをクリックしてエフェクトを設定する欄を表示します。

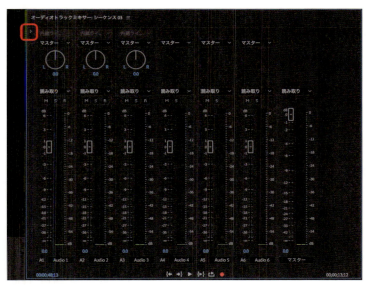

オーディオトラックミキサーを表示する

02 エフェクトの欄を表示する

オーディオトラックミキサーの上部が開いてエフェクトを設定する欄が開きます。

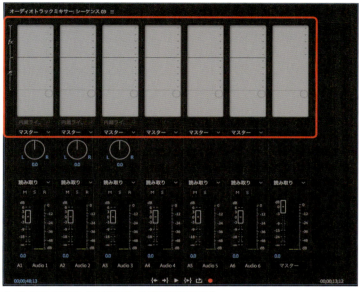

オーディオトラックミキサーの上部にエフェクト設定欄が表示される

03 トラックにエフェクトを適用する

トラックのエフェクト設定欄の上部をクリックしてエフェクトを選択します。ここでは前述の[スタジオリバーブ]エフェクトを適用してみましょう。

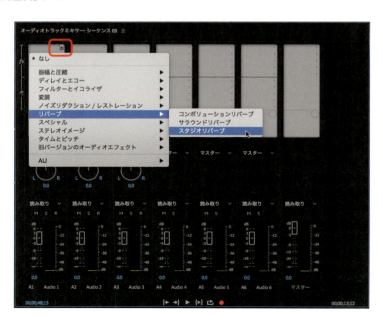

289

04　トラックエフェクトが表示される

トラックにエフェクトが適用され、エフェクト名とエフェクト調整用のホイールが表示されます。適用したニフェクトを変更する場合は表示されているエフェクト名をクリックしてほかのエフェクトを選択し、削除する場合は[なし]を選択します。空欄をクリックしてエフェクトを追加することもできます。

トラックに適用したエフェクト名と調整用ホイールが表示される

05　調整用ホイールの種類を切り替える

エフェクト調整用ホイールの下にそのホイールで調整するプロパティが表示されており、クリックしてホイールの種類を切り替えながらエフェクト全体の設定をおこないます。

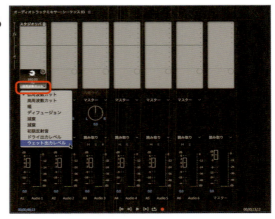

調整用ホイールの種類を切り替える

06　エフェクトのオン／オフ

ホイールの隣にある[fx]マークをクリックしてエフェクトのオン／オフを切り替えます。エフェクトがオフになると[fx]マークが青くなります。

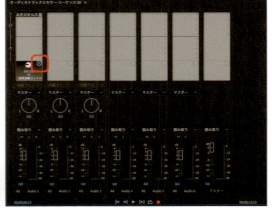

[fx]マークをクリックしてエフェクトのオン／オフを切り替える

100　サウンドを編集する

再生しながらミックス具合を調整する

オーディオミキサーで複数トラックの音量バランスを調整しますが、プレビュー再生しながらリアルタイムでトラックのボリュームを設定することができます。

▶▶方法1　リアルタイムでトラックボリュームを設定する

▶▶方法1　リアルタイムでトラックボリュームを設定する

01　クリップを配置する

サウンドのついたクリップと音楽クリップを配置した編集をおこない、音楽クリップを配置したA2トラックのボリュームをリアルタイムで調整してみましょう。

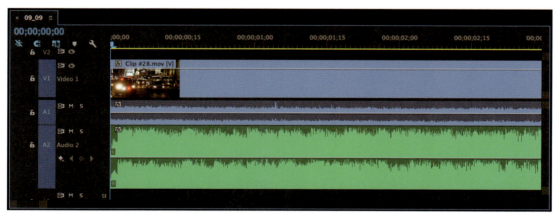

ムービーと音楽クリップを配置した編集

291

02 トラックのオートメーションモードを［タッチ］にする

ウィンドウメニューの［オーディオトラックミキサー］を選んでオーディオトラックミキサーを表示し、音楽クリップを配置したA2トラックのオートメーションモードを［タッチ］にします。これでこのトラックがリアルタイムでボリューム調整できるようになります。

音楽クリップを配置したトラックのオートメーションモードを［タッチ］にする

03 保護する項目を選ぶ

リアルタイムで調整するのはボリュームだけなので、左右バランスは変更できないように保護しておきます。方法はパンホイールを右クリック（Macではcontrolキー＋クリック）して［書き込み中保護］を選びます。

左右バランスが変わらないように保護する

04 プレビュー再生しながらボリュームを調整する

ボリューム設定を開始するフレームからプレビュー再生し、その音を聞きながら音楽トラックのスライダーをドラッグしてリアルタイムで音量を可変させます。ポインタはスライダーを動かすことに集中させたいのでスペースバーで再生を開始するとよいでしょう。ボリューム設定を終える時は再度スペースバーを押してプレビューを停止します。これでスライダーのドラッグによるボリュームの動きが記録され、再度プレビューするとスライダーが先ほどドラッグしたままに自動で動きます。

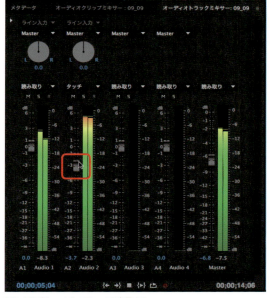

トラックのボリュームキーフレームを表示する

05 トラックのボリュームキーフレームを表示する

リアルタイムでボリューム調整したA2トラックの[キーフレームを表示]ボタンをクリックして[トラックのキーフレーム]の[ボリューム]を選ぶと、先ほどスライダーをドラッグした動きがトラックボリュームのキーフレームとして記録されていることがわかります。

スライダーの動きに応じたキーフレームが設定されている

06 キーフレームを調整する

キーフレームはドラッグしてフレームや値を変更することができるほか、右クリック(Macではcontrolキー+クリック)してなめらかな曲線にしたり削除することもできます。

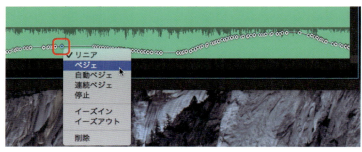

キーフレームはドラッグや右クリックで調整できる

293

101 サウンドを編集する

目的にあったエフェクトプリセットを適用する

エッセンシャルサウンドは目的にあったオーディオエフェクトの組み合わせを適用する機能です。オーディオの種類と加工の目的を選ぶだけで自動的にオーディオエフェクトの組み合わせが適用されます。

▶▶方法1　エッセンシャルサウンドを適用する

▶▶方法1　エッセンシャルサウンドを適用する

01 クリップを選択する

タイムラインに配置したクリップから、エッセンシャルサウンドを適用するクリップを選択します。

エッセンシャルサウンドを適用するクリップを選択する

02 エッセンシャルパネルを開く

ウィンドウメニューの［エッセンシャルサウンド］を選んで、エッセンシャルサウンドパネルを開きます。

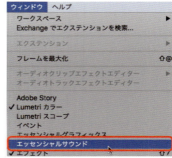

ウィンドウメニューの［エッセンシャルサウンド］を選ぶ

03 オーディオタイプを選ぶ

エッセンシャルサウンドパネルにあるオーディオタイプの中から目的にあったオーディオの種類を選びます。ここではビデオクリップのオーディオを調整することにし、［会話］を選んでみましょう。

エッセンシャルサウンドパネルが開く

04 オーディオタイプ別のコントロールが表示される

選択したオーディオのタイプに応じたコントロールに切り替わります。ここでボリュームや音を明瞭にする割合などを一括で設定できますが、慣れないうちはプリセットを使った方が良いでしょう。

オーディオのタイプに応じたコントロールに切り替わる

05 プリセットを選ぶ

[プリセット]をクリックして、メニューからオーディオを加工する目的を選びます。プリセットには単に音を目立たせるだけでなく、ラジオやテレビから聞こえてくるような音にする効果も入っています。ここでは用途の多いと思われる[ノイズの多い対話のクリーンアップ]を選んでみましょう。選び終わったらパネルを閉じます。

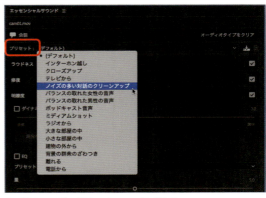

オーディオのタイプに応じたコントロールに切り替わる

06 エフェクトコントロールで確認する

エフェクトコントロールパネルを見ると、選択しているあるクリップに適用された複数オーディオエフェクトがあります。これが、ノイズの多いオーディオをクリーンアップするためのオーディオエフェクトの組み合わせです。これらのエフェクトを個々に調整することもできます。

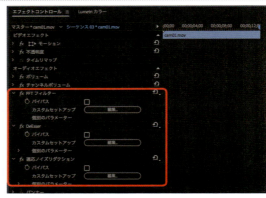

エフェクトの組み合わせが適用される

295

102　完成作品を出力する

ムービーファイルで出力する

編集の完成した作品をムービーファイルで出力します。ムービーファイルには多数の形式があるので、まずファイル形式を選んで次に各形式に応じたプリセットの中から目的に応じた設定を選びます。

▶▶方法1　[書き出し]を使う

▶▶方法1　[書き出し]を使う

01　ファイルメニューの[書き出し]で[メディア]を選ぶ

プロジェクトパネルかタイムラインパネルで出力するシーケンスを選択し、ファイルメニューの[書き出し]で[メディア]を選びます。

ファイルメニューの[書き出し]で[メディア]を選ぶ

02　ファイル形式を選ぶ

[書き出し設定]ダイアログボックスが表示されるので、ここで出力するムービーの設定をおこないます。まずムービーのファイル形式を指定しますが、シーケンスと同じ形式と設定のファイルを出力する場合は[シーケンス設定を一致]にチェックを入れます。そうするとムービー設定がロックしてシーケンスと同じ形式でのみ出力するようになります。

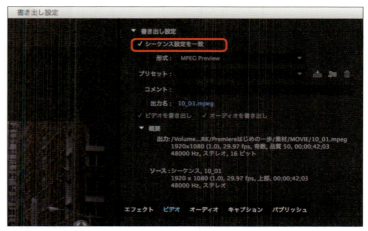

[シーケンス設定を一致]にチェックするとシーケンスと同じ設定のファイルが出力される

ほかの形式で出力する場合は[形式]をクリックしてサウンドや静止画なども含む多数の形式の中から目的に応じたムービー形式を選びます。

出力するファイル形式を選ぶ

03 プリセットを選ぶ

[プリセット]をクリックすると[形式]で指定したファイル形式に応じたプリセットが表示されます。この中から目的の設定を選びます。プリセットの中に目的と同じ設定が無い場合は近い設定を選んでおき、この後説明するカスタム設定をおこないます。

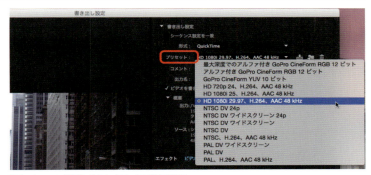

指定したファイル形式に応じたプリセットの設定を選ぶ

04 ファイル名と保存場所を指定する

[出力名]は出力されるファイル名ですが、最初はシーケンス名がついています。このファイル名や保存先を変更する場合は出力名の部分をクリックして[別名を保存]ダイアログボックスを開きます。ここで新しいファイル名を入力し、保存先を指定して[保存]をクリックします。

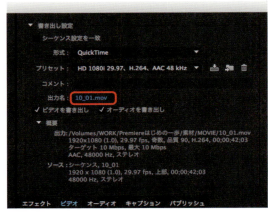

[出力名]をクリックする

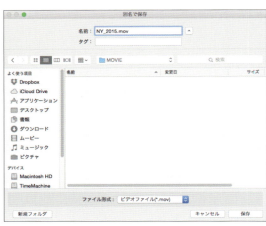

ファイル名を入力して保存先を指定する

297

05 カスタムの設定をする

選択したファイル形式のプリセットに目的と同じ設定が無い場合は、近い設定を選んでおいてその設定をカスタマイズします。ビデオ設定のカスタマイズは[ビデオ]タブでおこない、オーディオ設定のカスタマイズは[オーディオ]タブでおこないます。

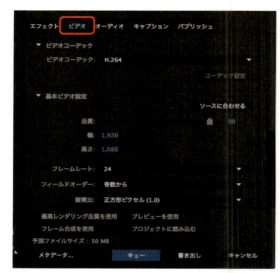

[ビデオ]タブでビデオのカスタム設定をする　　　　[オーディオ]タブでオーディオのカスタム設定をする

06 出力範囲を指定する

シーケンスの一部を出力する場合は[ソース範囲]で出力範囲を指定します。指定方法は「103：一部分だけ出力する」で詳しく説明します。

[ソース範囲]で出力範囲を指定する

07 映像をトリミングする

画面の一部を出力する場合は［ソース］タブで画面をトリミングします。トリミングではクロップの縦横比を［4:3］や［16:9］に固定することもできます。トリミング後のスケール処理は［出力］タブの［ソースのスケーリング］でおこないます。

［ソース］タブに切り替えて映像をトリミングする

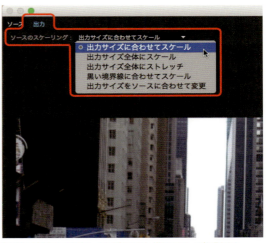
［出力］タブの［ソースのスケーリング］でトリミング後のスケール処理をする

08 書き出しを開始する

すべての設定が完了したら［書き出し］をクリックして作品をムービーファイルで出力します。複数のシーケンスをまとめてファイル出力する場合は［キュー］をクリックしてAdobe Media Encoderに登録します。詳しい操作方法は「107：複数の出力を一度に処理する」で説明します。

［書き出し］をクリックしてムービーファイルの出力を開始する

299

103　完成作品を出力する

一部分だけ出力する

編集した作品の一部分だけをムービーファイルなどで出力することができます。指定の仕方は2種類あり、1つは編集時にシーケンスで指定する方法。もう1つは出力するときに書き出し設定で指定する方法です。

▶▶方法1　シーケンスで出力範囲を指定する
▶▶方法2　書き出し設定で出力範囲を指定する

▶▶方法1　シーケンスで出力範囲を指定する

01　シーケンスでイン点を設定する

出力の開始時点となるフレームに再生ヘッドを移動し、プログラムモニターの[インをマーク]をクリックするか[I]キーを押します。そうすると再生ヘッドから先の右側のフレームがグレーになり出力範囲が設定されたことがわかります。

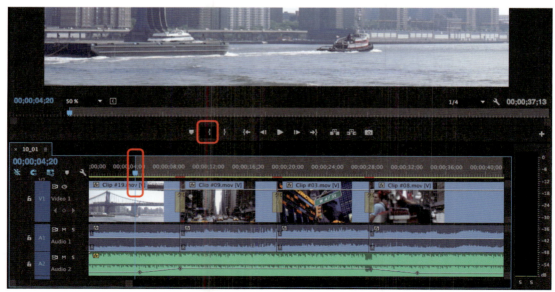

再生ヘッドの位置にイン点を設定する

02 シーケンスでアウト点を設定する

次に出力の終了時点となるフレームに再生ヘッドを移動し、プログラムモニターの［アウトをマーク］をクリックするか［O］キーを押します。そうするとインとアウトの間のフレームがグレー表示になります。

再生ヘッドの位置にアウト点を設定する

03 イン／アウト点を変更／消去する

再生ヘッドのある時点で再度［インをマーク］や［アウトをマーク］をクリックするとイン／アウト点が更新されます。また、グレー表示の端をドラッグしても出力範囲を変更できます。イン／アウト点を消去する場合はグレー部分を右クリック（Macではcontrolキー＋クリック）してメニューから消去する項目を選びます。

右クリックメニューで消去する点を選ぶ

04 書き出し設定のソース範囲で［シーケンスイン-アウト間］を選択する

ファイルメニューの［書き出し］で［メディア］を選んで［書き出し設定］ダイアログボックスを表示すると、下の［ソース範囲］が［シーケンスイン-アウト間］になっています。もしなっていない場合はクリックしてメニューから［シーケンスイン-アウト間］を選んでください。［ソース範囲］の上の三角マークで挟まれた青いバーがシーケンスで指定した出力範囲です。その後［書き出し］をクリックするとシーケンスで指定した範囲が出力されます。

［ソース範囲］が［シーケンスイン-アウト間］になっている

301

▶▶方法2　書き出し設定で出力範囲を指定する

01　メディアの書き出しをする

シーケンスでイン／アウト点の設定をおこなわず、書き出し設定で出力範囲を設定する方法です。まずプロジェクトパネルかタイムラインで出力するシーケンスを選択し、ファイルメニューの［書き出し］で［メディア］を選びます。

ファイルメニューの［書き出し］から［メディア］を選ぶ

02　書き出し設定でイン点を設定する

［書き出し設定］ダイアログボックスが表示されるので、出力の開始時点となるフレームに再生ヘッドを移動し、三角マークの［インポイントを設定］をクリックするか［I］キーを押します。

三角マークの［インポイントを設定］をクリックして再生ヘッドのフレームにインポイントを設定する

03 ［ソース範囲］が自動的に［カスタム］になる

出力のインポイントを設定すると［ソース範囲］が自動的に［カスタム］になり、インポイントを示す三角マークが移動し、再生ヘッドより左側の青いラインが消えます。

［ソース範囲］が［カスタム］となり、インポイントが設定される

04 書き出し設定でアウト点を設定する

次に出力の終了時点となるフレームに再生ヘッドを移動し、三角マークの［アウトポイントを設定］をクリックするか［O］キーを押します。そうするとアウトポイントを示す三角マークが移動して、インとアウトの間のフレームだけが青いラインになります。これで出力範囲の設定が完了しました。後は［書き出し］をクリックして指定した範囲を出力します。

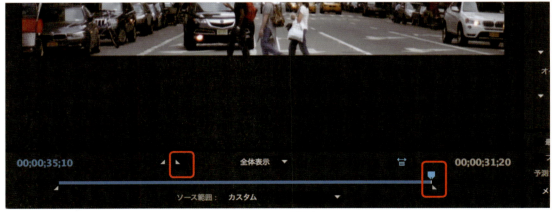

三角マークの［アウトポイントを設定］をクリックして再生ヘッドのフレームにアウトポイントを設定する

104 完成作品を出力する

サウンドだけを出力する

Premiere Proの編集では複数の音を組み合わせるサウンドミックス作業もおこなえます。この編集結果をサウンド形式のファイルとして出力する方法を説明します。

▶▶方法1　サウンドファイルで出力する

▶▶方法1　サウンドファイルで出力する

01　メディアの書き出しをする

サウンドファイルを書き出す場合も、ファイルメニューの［書き出し］で［メディア］を選びます。

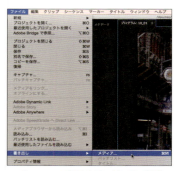

ファイルメニューの［書き出し］から［メディア］を選ぶ

02　サウンド形式を選ぶ

［書き出し設定］ダイアログボックスが表示されるので、ここで出力するサウンドファイル形式の指定をします。［形式］の中にはムービーだけでなくサウンドファイルの形式も入っているので、目的に応じたファイル形式を選びます。サウンドファイル形式の代表的なものは［AAC］［AIFF］［MP3］［WAV］です。

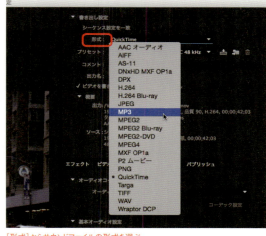

［形式］からサウンドファイルの形式を選ぶ

03 オーディオだけが書き出される設定になる

[形式]でサウンド形式を選ぶと、[ビデオを書き出し]のチェックが自動的に外れ、オーディオだけが書き出される設定になります。

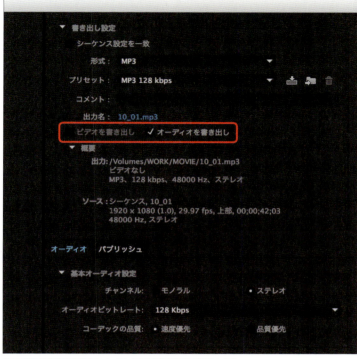

サウンド形式を選ぶと自動的にオーディオだけが書き出される設定になる

04 サウンド形式によってプリセットを選ぶ

[AAC]や[MP3]などの圧縮サウンド形式を選ぶとプリセットで音質を選ぶことができるので、この中から目的にあったプリセットを選びます。サウンド形式の設定が完了したら[書き出し]をクリックしてサウンドファイルを出力します。

圧縮サウンドの形式などではプリセット設定を選ぶことができる

105　完成作品を出力する

フレームを静止画像で出力する

ムービークリップの1フレームを静止画像として出力することができます。簡単に操作できるようにボタン化されており、出力してすぐ編集に使うために自動でプロジェクトに読み込む機能もあります。

▶▶方法1　[フレームを書き出し]ボタンを使う

▶▶方法1　[フレームを書き出し]ボタンを使う

01　出力するフレームに再生ヘッドを移動する

タイムラインに配置したムービークリップの1フレームを静止画像で出力します。まず出力したいフレームに再生ヘッドを移動してプログラムモニターに表示します。

出力するフレームに再生ヘッドを移動して頭出しする

02　[フレームを書き出し]ボタンをクリックする

プログラムモニターの右下にカメラマークの[フレームを書き出し]ボタンがあります。これをクリックすると現在頭出しされているフレームが静止画像で出力されます。

プログラムモニターの[フレームを書き出し]ボタンをクリックする

03　書き出し設定をする

[フレームを書き出し]ボタンをクリックすると書き出し設定のダイアログボックスが表示されます。ここで静止画像の名前、ファイル形式、保存先を指定し、[プロジェクトに読み込む]で出力後にプロジェクトに読み込むかどうかをチェックします。設定が終わったら[OK]をクリックしてフレームを出力します。

フレームを出力する静止画像の設定をする

106 完成作品を出力する

デバイスに応じたファイルで出力する

編集した作品を手軽に観るためにAndroidやiPhone、iPadといったデバイス用に出力することができます。Adobe Media Encoderには多くのデバイスのプリセットが用意されているのでその中から目的にあった設定を選びます。なお、プリセットの内容はバージョンやOSによって異なる場合があるので、ここではあくまで一例としての操作を説明をします。

▶▶方法1　Adobe Media Encoderでターゲットデバイスを指定する

▶▶方法1　Adobe Media Encoderでターゲットデバイスを指定する

01　メディアの書き出しをする

プロジェクトパネルかタイムラインで出力するシーケンスを選択し、ファイルメニューの[書き出し]で[メディア]を選びます。

ファイル]メニューの[書き出し]から[メディア]を選ぶ

02　書き出し設定で[キュー]をクリックする

書き出し設定が表示されます。[形式]のメニューを見ると具体的なファイル形式だけが表示され、目的のデバイスにどのファイル形式が使われているかがわかりません。そこで右下にある[キュー]をクリックして出力をAdobe Media Encoderに渡します。書き出し設定での設定は何でもかまいません。

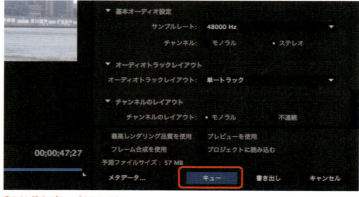

書き出し設定で[キュー]をクリックする

03 Adobe Media Encoderが起動する

Adobe Media Encoderが起動して左上のキューパネルにいま出力したシーケンスが表示されています。右のプリセットブラウザーを見ると、さまざまなデバイス名があることがわかります。ここから目的のデバイスと設定を選びます。その設定がシーケンスに適用させるように、まずキューパネルのシーケンスを選択しておきます。

Adobe Media Encoderにはさまざまなデバイスが表示されている

04 プリセットで目的のデバイスと設定を選択する

プリセットブラウザーで目的のデバイスを探します。たとえばiPad Mini用に出力したいとします。その場合は[デバイス]の[Apple]を開きます。そうするとiPad、iPhoneといったAppleのデバイスが表示されるので、その中から[iPad Mini]を探します。プリセットはさらにフレームレートによって分かれているので、ここではフルフレームレートの[29.97]を選びました。これで目的の設定が見つかったので、設定をダブルクリックするか、右上にある[プリセットを適用]をクリックします。

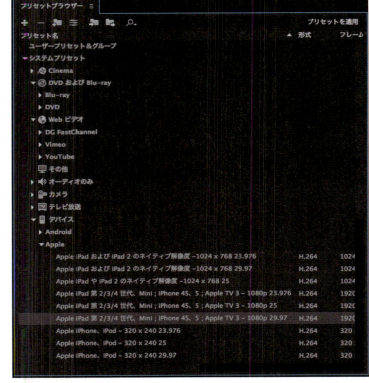

目的のデバイスと設定を選択する

05 不要なキューを削除する

デバイス用の設定がキューパネルの中のシーケンスに追加されます。最初の書き出し設定は必要ないので、設定の余白部分をクリックして選択し、deleteキーを押します。削除のアラートが表示されるので[はい]をクリックして削除します。

最初の書き出し設定は不要なので削除する

削除のアラートが表示されるので[はい]をクリックする

06 ファイル名や保存先を変更する

ファイル名や保存先を変更する場合は[出力ファイル]の項目をクリックして変更します。

[出力ファイル]の項目を変更する

07 デバイス用のファイルを出力する

キューパネルの右上にある[キューを開始]ボタンをクリックしてファイル出力を開始します。

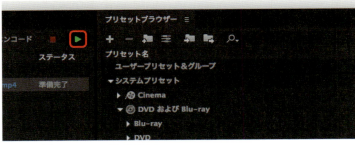

[キューを開始]ボタンでファイル出力を開始する

107　完成作品を出力する

複数の出力を一度に処理する

1つのシーケンスをWeb用やデバイス用など複数の設定で出力したい場合や、多くのシーケンスを一度にムービー出力したい場合などにAdobe Media Encoderを使います。あらかじめ登録しておけば後は一度にまとめて処理してくれます。

▶▶方法1　複数の設定をバッチ処理で出力する
▶▶方法2　複数のシーケンスをバッチ処理で出力する

▶▶方法1　複数の設定をバッチ処理で出力する

01　メディアの書き出しをする

プロジェクトパネルかタイムラインで出力するシーケンスを選択し、ファイルメニューの[書き出し]で[メディア]を選びます。

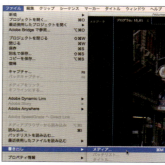

ファイルメニューの[書き出し]から[メディア]を選ぶ

02　書き出し設定で最初の出力設定をおこない[キュー]をクリックする

書き出し設定で最初の出力設定をおこないます。ファイル形式を選んでプリセットから目的にあった設定を選びます。プリセットに該当する設定がない場合は一番近い設定を選んでおき、[ビデオ]と[オーディオ]タブで設定をカスタマイズします。設定が終わったら[キュー]をクリックします。

書き出し設定で最初の出力設定をおこない[キュー]をクリックする

03 Adobe Media Encoderが起動する

Adobe Media Encoderが起動して左上のキューパネルに出力したシーケンスが表示されています。このシーケンスをほかの設定でも出力したいので、シーケンスを選択しておきます。

Adobe Media Encoderの[キュー]に追加される

04 設定を複製する

最初の設定に対して画面サイズを変えたり画質を落とす、といった少し手を加えるだけの設定を追加する場合は、まず最初の設定を複製します。方法は設定の余白部分を右クリック（Macではcontrolキー＋クリック）してメニューから[複製]を選びます。

設定の余白部分を右クリックして設定を複製する

05 複製した設定をカスタマイズする

シーケンスの下に複製された設定が追加されるので、プリセットの内容部分をクリックします。

複製した設定のプリセットの内容部分をクリックする

311

書き出し設定が表示されるので、そこで設定を変更します。変更が終了したら[OK]をクリックして書き出し設定を閉じます。

書き出し設定が開くので設定を変更する

06 プリセットブラウザーで別の出力設定を選ぶ

シーケンスの下に表示されている設定の形式やプリセットにある三角マークで別の形式やプリセットに変更することができますが、ファイル形式など最初の設定と大きく異なる設定を追加する場合は、右側にあるプリセットブラウザーから設定を選んだ方が簡単でしょう。ここにはWebビデオやDVD、Blu-ray、各種デバイスなど、さまざまな目的に応じた設定が入っています。シーケンスを選択した状態でプリセットブラウザーの設定をダブルクリックあるいは右上にある[プリセットを適用]をクリックすると、シーケンスに設定が追加されます。

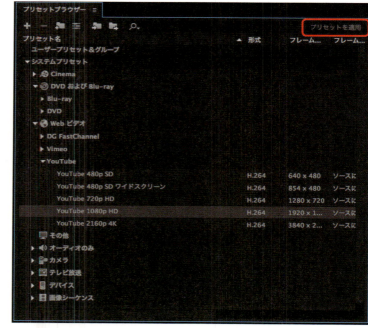

目的に応じたプリセットの設定を追加する

07 デバイス用のファイルを出力する

複数の設定が揃ったら、キューパネルの右上にある［キューを開始］ボタンをクリックしてファイル出力を開始します。複数設定のファイル出力が一度に実行されます。

［キューを開始］ボタンで複数のファイル出力を開始する

▶▶方法2　複数のシーケンスをバッチ処理で出力する

01 最初のシーケンスをAdobe Media Encoderに追加する

今度は複数のシーケンスをまとめて出力する方法を説明します。まず最初のシーケンスを書き出し設定で出力設定し、［キュー］をクリックしてAdobe Media Encoderのキューパネルに追加します。

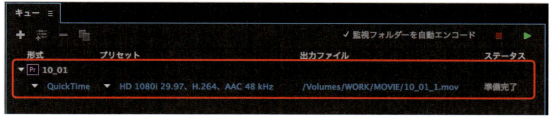

最初のシーケンスを出力設定してAdobe Media Encoderに追加する

02 別のシーケンスをキューパネルにドラッグする

キューパネルにシーケンスを追加する方法は2つあります。1つ目の方法はPremiere ProのプロジェクトパネルからシーケンスをAdobe Media Encordeのキューパネルにドラッグする方法です。

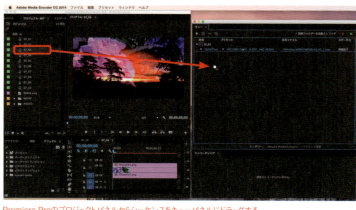

Premiere Proのプロジェクトパネルからシーケンスをキューパネルにドラッグする

313

03 出力設定を変更する

ドラッグしたシーケンスの出力設定はすでにキューパネルにあるシーケンスの出力設定か前回設定した出力設定が適用されます。これを変更する場合は形式やプリセットの三角マークをクリックして変更するか、プリセットブラウザーで目的の設定を追加してシーケンス設定と同じ設定を削除します。設定の追加と削除の方法は「106：デバイスに応じたファイルで出力する」を参照してください。

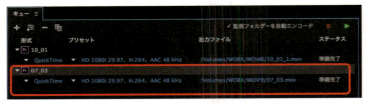
ドラッグしたシーケンスの出力設定はすでにキューパネルにあるシーケンスの出力設定と同じになる

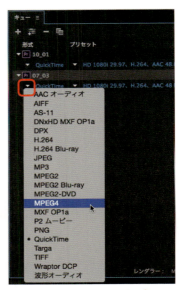
三角マークをクリックしてファイル形式やプリセットを変更する

---

04 追加するシーケンスの入ったプロジェクトファイルを指定する

シーケンスを追加するもう1つの方法は、キューパネルの余白部分をダブルクリックするか左上にあるプラスマークの[ソースを追加]ボタンをクリックして追加するシーケンスを指定する方法です。[開く]ダイアログボックスが表示されるので、ここで出力したいシーケンスの入ったプロジェクトファイルを指定して[開く]をクリックします。

キューパネルの[ソースを追加]ボタンをクリックする

出力したいシーケンスの入ったプロジェクトファイルを指定する

05 取り込むシーケンスを選ぶ

［アイテムの追加］でプロジェクトファイル内のどれをキューに追加するのかを指定します。ここではシーケンスを出力したいので、シーケンス名を選択して［読み込み］をクリックします。読み込まれたシーケンスの出力設定はすでにキューパネルにあるシーケンスの出力設定か前回設定した出力設定が適用されます。これを変更する場合は形式やプリセットの三角マークをクリックして変更するか、プリセットブラウザーで目的の設定を追加してシーケンス設定と同じ設定を削除します。設定の追加と削除の方法は「106：デバイスに応じたファイルで出力する」を参照してください。

読み込まれたシーケンスの出力設定は前回設定した出力設定と同じになる

出力したいシーケンスを選んで［読み込み］をクリック

06 ファイル名や保存先を変更する

ファイル名や保存先を変更する場合は［出力ファイル］の項目をクリックして変更します。

［出力ファイル］の項目を変更する

07 複数のシーケンスを一度に出力する

シーケンスの追加が完了したら、キューパネルの右上にある［キューを開始］ボタンをクリックしてファイル出力を開始します。キューパネルにある複数のシーケンスが一度に出力されます。

［キューを開始］ボタンでファイル出力を開始する

Premiere Pro CCエフェクト一覧

<高速処理>グラフィックカードのGPUを利用して高速に処理する
<32bit>32ビット／チャンネルでカラー解像度の高いレンダリングをする
<YUV>輝度信号と色差信号を使って高解像度の処理をする

　新　はPremiere Pro CC2016以降に追加されたもの

エフェクトをかける前の図版

ビデオエフェクト

Obsolete 新	旧バージョン互換で残された廃止エフェクト群			高速処理	32bit	YUV	Win	Mac
3ウェイカラー補正		明暗部分ごとに色調整をする		○	○	○	○	○
RGBカラー補正		明るさと色味を数値で調整する		○	○	○	○	○
RGBカーブ		明るさと色味をカーブで調整する		○	○	○	○	○
クイックカラー補正		色相、明度、彩度を変更する		○	○	○	○	○
シャドウ・ハイライト		明るい／暗い部分を調整する					○	○
ブラー（滑らか）		映像をぼかす		○			○	○
ルミナンスカーブ		輝度をカーブで調整する		○	○	○	○	○
ルミナンス補正		輝度を数値で調整する		○	○	○	○	○
自動カラー補正		自動で色味を補正する					○	○
自動コントラスト		自動でコントラストを補正する					○	○
自動レベル補正		自動で明るさの補正をする					○	○

イマーシブビデオ 新　VRクリップ用のエフェクト群		高速処理	32bit	YUV	Win	Mac
VRぼかし 新	VRクリップをぼかす	○			○	○
VRグラデーション 新	VRクリップにグラデーションを加える	○			○	○
VRグロー 新	VRクリップのハイライトを光らせる	○			○	○
VRシャープ 新	VRクリップの輪郭を際立たせる	○			○	○
VRデジタルグリッチ 新	VRクリップにデジタルノイズを加える	○			○	○
VRノイズ除去 新	VRクリップのノイズを除去する	○			○	○
VRフラクタルノイズ 新	フタクタルノイズを加える	○			○	○
VR回転（球）新	VRクリップを球体に変形する	○			○	○
VR平面から球体 新	VRクリップを球体に変形する	○			○	○
VR 投影法 新	VRクリップのレイアウトを調整する	○			○	○
VR色収差 新	VRクリップに色ブレを加える	○			○	○

イメージコントロール　全体の色味を調整するエフェクト群		高速処理	32bit	YUV	Win	Mac
カラーバランス（RGB）	RGBのバランスを調整する	○			○	○
カラーパス	特定の色以外を白黒にする	○			○	○
カラー置き換え	特定の色を別の色に置き換える	○			○	○
ガンマ補正	ガンマ値を変更する	○			○	○

イメージ コントロール 全体の色味を調整するエフェクト群		高速処理	32bit	YUV	Win	Mac
モノクロ	白黒にする	○		○	○	○

カラー補正 明るさや色を調整するエフェクト群		高速処理	32bit	YUV	Win	Mac
ASC CDL 新	汎用的グレーディング情報を適用する	○	○		○	○
Lumetri カラー	色補正情報を読みこんで適応する	○	○	○	○	○
イコライザー	明るさや色味を均一化する				○	○
カラーバランス	RGBのバランスを変更する				○	○
カラーバランス（HLS）	色相、明度、彩度を変更する				○	○
チャンネルミキサー	RGBチャンネルを変更する				○	○
ビデオリミッター	明るさと色の強さを制御する	○	○	○	○	○
他のカラーへ変換	指定色を他の色に変更する				○	○
色かぶり補正	全体に被っている色をカットする	○			○	○
色を変更	指定色の色相や明度を変更する				○	○
色抜き	指定色以外の色を抑える				○	○
輝度&コントラスト	明るさとコントラストを調整する	○			○	○
ルミナンス補正	輝度を数値で調整する	○	○	○	○	○

キーイング
特定部分を透明にするエフェクト群

	説明	高速処理	32bit	YUV	Win	Mac
Ultraキー	指定した色部分を透明にする	○			○	○
アルファチャンネルキー	アルファチャンネルを操作する	○		○	○	○
イメージマットキー	他素材を使って透明にする				○	○
カラーキー	指定した色部分を透明にする				○	○
トラックマットキー	別トラックの素材で透明にする	○	○	○	○	○
マット削除	合成エッジ部分を調整する				○	○
ルミナンスキー	明暗部分に合成する		○	○	○	○
異なるマット	他素材と異なる部分を抽出する				○	○
赤以外キー	緑と青部分を透明にする				○	○

スタイライズ
質感を変化させるエフェクト群

	説明	高速処理	32bit	YUV	Win	Mac
しきい値	境の明るさを設定して白黒化する				○	○
アルファグロー	合成エッジに色を加える				○	○
エンボス	レリーフのように変化させる				○	○
カラーエンボス	色のついたレリーフにする				○	○

ビデオエフェクト

スタイライズ	質感を変化させるエフェクト群		高速処理	32bit	YUV	Win	Mac
ストロボ		指定間隔で白フラッシュさせる				○	○
ソラリゼーション		元映像と反転映像を合成する				○	○
テクスチャ		別素材を模様にする				○	○
ブラシストローク		ブラシで描いたようにする				○	○
ポスタリゼーション		色の階調を減らす				○	○
モザイク		モザイクをかける	○			○	○
ラフエッジ		合成エッジを加工する				○	○
複製		タイル状に繰り返し表示する				○	○
輪郭検出		明暗差の大きい境を検出する	○			○	○

チャンネル	RGB等のチャンネルへのエフェクト群		高速処理	32bit	YUV	Win	Mac
アリスマチック		RGBチャンネルに数学演算を加える				○	○
ブレンド		別トラックと描画モードで合成する				○	○
マット設定		別トラックを使って合成する				○	○
単色合成		単色を合成する				○	○
反転		色を反転する	○			○	○

チャンネル　RGB等のチャンネルへのエフェクト群

		高速処理	32bit	YUV	Win	Mac
合成アリスマチック	別トラックと数学演算で合成する				○	○
計算	別トラックとチャンネル合成する				○	○

ディストーション　映像を歪めるエフェクト群

		高速処理	32bit	YUV	Win	Mac
オフセット	映像を上下左右にシフトさせる	○			○	○
コーナーピン	四隅の位置を変える				○	○
ズーム	映像の一部を拡大する				○	○
タービュレントディスプレイス	映像を細かくねじって歪ませる				○	○
ミラー	指定位置から反転させる				○	○
レンズのゆがみ補正	湾曲させる	○			○	○
ローリングシャッターの修復	CMOSセンサーによる歪みを補正する				○	○
ワープスタビライザー	手ぶれを自動補正する	○			○	○
回転	映像をねじる				○	○
変形	歪みや回転を加える	○			○	○
波形ワープ	波のように連続して歪ませる				○	○
球面	凸レンズのように歪める				○	○

トランジション　画面転換効果のエフェクト群

		高速処理	32bit	YUV	Win	Mac
グラデーションワイプ	グラデーションを元に切り替える				○	○
ブラインド	ストライプ状に切り替える				○	○
ブロックディゾルブ	ブロック状に切り替える				○	○
リニアワイプ	直線で切り替える				○	○
ワイプ（放射状）	時計回転のように切り替える				○	○

トランスフォーム　映像を変形させるエフェクト群

		高速処理	32bit	YUV	Win	Mac
エッジのぼかし	合成エッジをぼかす	○			○	○
クロップ	上下左右でトリミングする	○		○	○	○
垂直反転	映像を垂直に反転させる	○			○	○
水平反転	映像を水平に反転させる	○	○	○	○	○

ノイズ&グレイン　ノイズを加えるエフェクト群

		高速処理	32bit	YUV	Win	Mac
ダスト&スクラッチ	映像内の傷やゴミを修復する				○	○
ノイズ	ノイズを加える	○			○	○
ノイズHLS	色相や明度を使ってノイズを加える				○	○

ノイズ&グレイン　ノイズを加えるエフェクト群

		高速処理	32bit	YUV	Win	Mac
ノイズHLSオート	ノイズHLSをアニメートする				○	○
ノイズアルファ	アルファチャンネルにノイズを加える				○	○
ミディアン	色を平均化する				○	○

ビデオ　情報を表示するエフェクト群

		高速処理	32bit	YUV	Win	Mac
SDR 最適化 新	標準のダイナミックレンジに最適化する	○	○		○	○
クリップ名	クリップのファイル名を表示する	○		○	○	○
シンプルテキスト 新	クリップにテロップを追加する	○		○		
タイムコード	タイムコードを表示する	○		○	○	○

ブラー&シャープ　ぼかしや際立ちをつけるエフェクト群

		高速処理	32bit	YUV	Win	Mac
アンシャープマスク	輪郭を際立たせる				○	○
カメラブラー	カメラのフォーカスぼけを加える				○	×
シャープ	輪郭を際立たせる	○			○	○
ブラー（ガウス）	映像をぼかす	○	○	○	○	○
ブラー（チャンネル）	チャンネル別にぼかす				○	○

ブラー&シャープ ぼかしや際立ちをつけるエフェクト群		高速処理	32 bit	YUV	Win	Mac
ブラー（合成）	明るさに応じてぼけを加える				○	○
ブラー（方向）	指定方向にブレを生じさせる	○			○	○

ユーティリティ データ受け渡し用エフェクト群		高速処理	32 bit	YUV	Win	Mac
Cineonコンバーター	cineonファイルのカラー変換をする				○	○

描画 新規描画を加えるエフェクト群		高速処理	32 bit	YUV	Win	Mac
4色グラデーション	4色のグラデーションを生成する				○	○
カラーカーブ	グラデーションぅぃ生成する	○			○	○
グリッド	グリッドを生成する				○	○
スポイト塗り	抽出した色で塗りつぶす				○	○
セルパターン	細胞状のパターンを生成する				○	○
チェッカーボード	チェッカーボードパターンを生成する				○	○
ブラシアニメーション	ブラシ描画ストロークを生成する				○	○
レンズフレア	逆光で生じるフレアを生成する				○	○
円	円を生成する				○	○
塗りつぶし	指定範囲を単色で塗りつぶす				○	○

描画 — 新規描画を加えるエフェクト群

エフェクト名		説明	高速処理	32bit	YUV	Win	Mac
楕円		外枠を持った楕円を生成する				○	○
稲妻		稲妻のような電光を生成する				○	○

時間 — 時間軸に関係するエフェクト群

エフェクト名		説明	高速処理	32bit	YUV	Win	Mac
エコー		残像を加える				○	○
タイムワープ 新		なめらかなスローモーションする				○	○
ピクセルモーションブラー 新		動いている部分にブラーを加える				○	○
ポスタリゼーション時間		指定したフレームレートで固定する				○	○

色調補正 — カラー補正するエフェクト群

エフェクト名		説明	高速処理	32bit	YUV	Win	Mac
プロセスアンプ		明るさやコントラストなどを調整する	○	○	○	○	○
レベル補正		全体およびRGBの明暗レベルを調整する	○			○	○
抽出		明暗のレベルを指定して白黒にする	○			○	○
明るさの値		数値演算で明るさを調整する				○	○
照明効果		ライトで照らした効果を加える				○	○

遠近	立体感を加えるエフェクト群	高速処理	32bit	YUV	Win	Mac
ドロップシャドウ	影を落とす	○			○	○
ベベルアルファ	アルファのエッジに厚みをつける				○	○
ベベルエッジ	クリップのエッジに厚みをつける				○	○
基本3D	立体的に回転させる	○			○	○
放射状シャドウ	指定位置からのライトで影を落とす				○	○

オーディオエフェクト

旧バージョンの オーディオエフェクト	旧バージョン互換で残されたエフェクト群	高速処理	32bit	YUV	Win	Mac
Chorus（旧バージョン）	音に広がりを加える				○	○
DeClicker（旧バージョン）	クリックノイズをカットする				○	○
DeCrackler（旧バージョン）	クラックルノイズをカットする				○	○
DeEsser（旧バージョン）	歯擦音をカットする				○	○
DeHummer（旧バージョン）	ハムノイズをカットする				○	○
DeNoiser（旧バージョン）	小さな音のノイズをカットする				○	○
Dynamics（旧バージョン）	音を強調する				○	○
EQ（旧バージョン）	指定した周波数を増加／減少する				○	○
Flanger（旧バージョン）	位相を変えてうなりを加える				○	○
Multiband Compressor（旧バージョン）	指定した周波数を強調する				○	○
Phaser（旧バージョン）	位相を変えて音を変化させる				○	○
Reverb（旧バージョン）	残響を加える				○	○
Spectral NoiseReduction（旧バージョン）	指定した周波数を増加／減少する				○	○
ピッチシフター（旧バージョン）	音のキーを変える				○	○

オーディオエフェクト　　フォルダに入っていないエフェクト

	高速処理	32bit	YUV	Win	Mac
Binauralizer – Ambisonics　サラウンドサウンドの定位を調整する				○	○
DeEsser　歯擦音をカットする				○	○
DeHummer　ハムノイズをカットする				○	○
FFT フィルター　指定した周波数を増加／減少する				○	○
適応ノイズリダクション　ノイズをカットする				○	○
Guitar Suite　音を歪ませる				×	○
Mastering　強調や残響などで雰囲気をつくる				○	○
Multiband Compressor　指定した周波数を強調する				○	○
Panner – Ambisonics　サラウンドサウンドの定位を調整する				○	○
Phaser　位相を変えて音を変化させる				○	○
単純なノッチフィルター　指定した周波数付近をカットする				○	○
ゆがみ　音を強調する				○	○
アナログディレイ　エコーを加える				○	○
ギタースイート　音を歪ませる				○	○
グラフィックイコライザー（10バンド）　指定した周波数を増加／減少する				○	○
グラフィックイコライザー（20バンド）　指定した周波数を増加／減少する				○	○
グラフィックイコライザー（30バンド）　指定した周波数を増加／減少する				○	○
コンボリューションリバーブ　残響を加える				○	○
コーラス／フランジャー　位相を変えて広がりを加える				○	○
サイエンティフィックフィルター　指定した周波数を増加／減少する				○	○
サラウンドリバーブ　残響を加える				○	○
シングルバンドコンプレッサ　音を強調する				○	○
シンプルパラメトリック EQ　指定した周波数を増加／減少する				○	○
スタジオリバーブ　残響を加える				○	○
ステレオエクスパンダー　左右の広がりを調整する				○	○
ダイナミック 新　音を強調する				○	○
ダイナミクス操作　音を強調する				○	○
チャンネルの入れ替え　左右の音を入れ替える				○	○
チャンネルボリューム　左右の音量を個別に調整する				○	○
チューブモデルコンプレッサ　音を強調する				○	○
ディレイ　音を強調する				○	○
トレブル　高い周波数を増加／減少する				○	○
反転　チャンネルの位相を反転する				○	○
ノッチフィルター　指定した周波数付近をカットする				○	○
ハイパス　指定値より低い周波数をカットする				○	○

オーディオエフェクト	フォルダに入っていないエフェクト	高速処理	32bit	YUV	Win	Mac
ハードリミッター	音のピークを制御する				○	○
バス	低周波数成分を増加／減少する				○	○
バランス	左右のバランスを調整する				○	○
バンドパス	指定した帯域以外をカットする				○	○
パラメトリックイコライザー	特定の周波数付近を増加／減少する				○	○
ピッチシフター	音のキーを変える				○	○
フランジャー	位相を変えてうねりを加える				○	○
ボリューム	音量を調整する				○	○
ボーカル強調	男性や女性の声を強調する				○	○
マルチタップディレイ	最大4つのエコーを加える				○	○
ミュート	消音する				○	○
ラウドネスレーダー	音のレベルを測定する				○	○
ローパス	指定値より高い周波数をカットする				○	○
右チャンネルを左チャンネルに振る	右の音を左でも再生する				○	○
左チャンネルを右チャンネルに振る	左の音を右でも再生する				○	○
自動クリックノイズ除去	クリックノイズをカットする				○	○

ビデオトランジション

3Dモーション	立体的に切替えるトランジション群	高速処理	32bit	YUV	Win	Mac
キューブスピン ▶四角柱を回転させる					○	○
フリップオーバー ▶板を回転させる					○	○

アイリス	特性の形状で開くトランジション群	高速処理	32bit	YUV	Win	Mac
アイリス（クロス） ▶十字に切り開く				○	○	○
アイリス（ダイヤモンド） ▶ダイヤモンド形に切り開く				○	○	○
アイリス（円形） ▶円形に切り開く				○	○	○

アイリス	特性の形状で開くトランジション群	高速処理	32bit	YUV	Win	Mac
アイリス（正方形） ▶正方形に切り開く				○	○	○

イマーシブビデオ 新	VRクリップ用のトランジション群	高速処理	32bit	YUV	Win	Mac
VRアイリスワイプ 新 ▶指定した形状に開く		○			○	○
VRクロマリーク 新 ▶グローして切替わる		○			○	○
VRグラデーションワイプ 新 ▶グラデーションパターンで切替わる		○			○	○
VRブラー（球面）新 ▶球面のブラーで切替わる		○			○	○
VRメビウスズーム 新 ▶吸い込まれるように切替わる		○			○	○
VRライトリーク 新 ▶光のゴーストが差し込んで切替わる		○			○	○
VRランダムブロック 新 ▶ランダムなブロックで現れる		○			○	○
VR光線 新 ▶逆光が差し込んで切替わる		○			○	○

スライド	クリップを移動するトランジション群	高速処理	32bit	YUV	Win	Mac
スプリット ▶中央から上下もしくは左右に開く					○	○
スライド ▶上下もしくは左右から移動してくる		○			○	○
センタースプリット ▶十字に分割される					○	○

スライド	クリップを移動するトランジション群	高速処理	32bit	YUV	Win	Mac
帯状スライド ▶くし歯状に現れる				○	○	×
押し出し ▶次のクリップに押し出される		○			○	○

ズーム	拡大するトランジション群	高速処理	32bit	YUV	Win	Mac
クロスズーム ▶ズームインで消えズームアウトで出現					○	○

ディゾルブ	フェードで切替わるトランジション群	高速処理	32bit	YUV	Win	Mac
クロスディゾルブ ▶フェードで切替わる		○	○	○	○	○
ディゾルブ ▶フェードで切替わる		○			○	○
フィルムディゾルブ ▶明るさを保持しフェードで切替わる		○	○	○	○	○
ホワイトアウト ▶白フラッシュで切替わる		○	○	○	○	○
モーフカット ▶モーフィングで切り替わる		○			○	○
型抜き ▶明暗を使って切替わる					○	○
暗転 ▶フェードアウト／インで切替わる		○	○	○	○	○

ページピール	ページをめくるトランジション群	高速処理	32bit	YUV	Win	Mac
ページターン ▶ページが折れてめくれる					○	○

ページピール

ページをめくるトランジション群

		高速処理	32bit	YUV	Win	Mac
ページピール ▶ ページが湾曲してめくれる					○	○

ワイプ

特定パターンのトランジション群

		高速処理	32bit	YUV	Win	Mac
くさび形ワイプ ▶ 扇状に開いて現れる			○	○	○	×
クロックワイプ ▶ 時計回転のように現れる			○	○	○	×
グラデーションワイプ グラデーションパターンで切替わる			○	○	○	○
ジグザグブロック ▶ レンガが上から外れるように現れる			○	○	○	×
スパイラルボックス ▶ 四角いらせん状に現れる			○	○	○	×
チェッカーボード ▶ チェッカーボードパターンで現れる			○	○	○	×
チェッカーワイプ ▶ 格子の中が開くように現れる			○	○	○	×
ドア（扉） ▶ 扉を開くように現れる			○	○	○	○
ブラインド ▶ ブラインドを開くように現れる			○	○	○	×
ペイントスプラッター ▶ 絵の具を飛び散らすように現れる					○	×
マルチワイプ ▶ 放射状に回転しながら現れる			○	○	○	×
ランダムブロック ▶ ランダムなブロックで現れる			○	○	○	×

ワイプ	特定パターンのトランジション群	高速処理	32bit	YUV	Win	Mac
ワイプ ▶ 直線的に現れる		○		○	○	○
ワイプ（ランダム） ▶ ランダムなエッジで現れる			○	○	○	×
ワイプ（放射状） ▶ 角を中心に円を描くように現れる			○	○	○	×
割り込み ▶ 角から割り込んでくる			○	○	○	○
帯状ワイプ ▶ くし歯状に現れる			○	○	○	×

オーディオトランジション

クロスフェード	音を交差させるトランジション群	高速処理	32bit	YUV	Win	Mac
コンスタントゲイン	音量を直線的に切替える				○	○
コンスタントパワー	音量を曲線的に切替える				○	○
指数フェード	音量を曲線的に切替える				○	○

INDEX

【アルファベット】
Adobe Media Encoder　307, 311
Adobe Premiere Pro Auto-Save　027
After Effects　064
Blu-ray　312
DVD　312
Illustrator　046
Lumetriカラー　172, 176, 178, 181
Mマーク　271
Obsolete　316
Photoshopファイル　046
Premiere Pro　062
SDR 最適化　323
VRアイリスワイプ　329
VR色収差　317
VR回転（球）　317
VRグラデーション　317
VRグラデーションワイプ　329
VRグロー　317
VRクロマリーク　329
VR光線　329
VRシャープ　317
VRデジタルグリッチ　317
VR 投影法　317
VRノイズ除去　317
VRブラー（球面）　329
VRフラクタルノイズ　317
VR平面から球体　317
VRぼかし　317
VRメビウスズーム　329
VRライトリーク　329
VRランダムブロック　329
Webビデオ　312

【五十音】

アイコンの並び替え　055
アイコン表示　054
アウトポイント　068
アウトを消去　069
アウトをマーク　068
アピアランス　015
アルファチャンネル　222
アルファチャンネルキー　217, 223
アンカーポイント　142

い
イーズアウト　158
イーズイン　158
イコライザーエフェクト　287
位置　139, 153
イマーシブビデオ　317, 329

イメージマットキー　218
色を変更　179
インからアウトをレンダリング　102
インサート　073, 075, 076
インジェスト　037
インとアウトを消去　069
インポイント　067
インを消去　069

う
上書き　072, 075, 076

え
エッジをぼかす　150
エッセンシャルサウンド　294
エフェクト&プリセットパネル　136
エフェクトを表示する　087
円弧　247

お
オーディオエフェクト　286
オーディオクリップミキサー　275, 277
オーディオゲイン　283
オーディオトラックミキサー　271, 276, 284, 288, 292
オーディオのみドラッグ　077
オーディオ波形を表示　090
オーディオメーター　283, 284
オフライン　060

か
回転　141
カウントダウンマーク　262
書き出し　296
画像シーケンス　044
画像までの距離　144
角丸長方形　247
角丸長方形（可変）　247
画面切り替え効果　083
カラーカーブ　257
カラーキー　212
カラーバー&トーン　259
カラーバランス　175
カラーマット　255

き
キーイングエフェクト　212, 215
キーカラー　213
基本3D　143
キャプチャウインドウ　041
鏡面ハイライト表示　144

く
クリップから取得したシーケンス　070
クリップ速度・デュレーション　160, 164
クリップに最適なシーケンス　131
クリップに最適な新規シーケンス　071
クロスフェード　280
クロップ　147

333

け
検索 056
検索ビンを作成 057

こ
コーナーピン 151
コピーを保存 024

さ
サウンドファイル 304
サブクリップを作成 119
サブクリップを編集 121
サムネールビュー 033
三角形 247

し
シーケンス 030
シーケンス設定 019
シーケンスへオート編集 105
自動保存 026
斜角長方形 247
縦横比を固定 135, 137
消去 048, 086, 089
消去ボタン 049
新規項目 030, 071
新規ビン 051
新規プロジェクト 021
シンプルテキスト 323

す
垂直反転 145
水平反転 146
スウィベル 144
ズーム 149
ズームアウト 054
ズームイン 054
ズームツール 092
スクラッチディスク 022
図形ツール 247
スケール 136
スナップ 074
すべてのトラックを拡大表示 091
すべてのトラックを最小化 091
すべてのマーカーを消去 128
スライド 084
スライドツール 117
スリップツール 115

せ
静止画像のデフォルトデュレーション 042
静止タイトル 231
セーフマージン 017
センタースプリット 084
選択したシーケンスを読み込み 062
選択したマーカーを消去 128

そ
ソースモニター 066
ソート 053

属性をペースト 191
速度 162, 167, 169
速度・デュレーション 160, 164

た
タイトルスタイル 246
ダイナミック 327
楕円エフェクト 247
縦書き文字ツール 232

ち
調整レイヤー 193
長方形 247
チルト 144

て
テープ 039
デバイスコントロール 039

と
トラック 031
トラック出力の切り替え 097
トラックのキーフレーム 293
トラックの後方選択ツール 101
トラックの削除 095
トラックの前方選択ツール 100
トラックの追加 093
トラックの追加設定 094
トラックヘッダー 090
トラックマットキー 220
トラックを削除 096
トラックを追加 095, 096
トラックをミュート 098
トランジション 083
トランスフォームアイコン 138
トリミングモニター 113
トリムアイコン 078
ドロップシャドウ 227

な
名前の変更 049

ね
ネスト 124

の
ノイズ 187
ノイズHLSオート 188
ノイズの多い対話のクリーンアップ 295

は
背景ビデオのタイムコード 234
背景ビデオを表示 234
波形マーク 269
パネルのサイズや位置を変更する 013
パネルをドッキングする 014
パラメーターをリセット 088
バランス 277, 278
反転 182

ハンドル 134
パンナー 277

ひ
ピークランプ 283, 284
ビデオのみドラッグ 077
ビデオフォーマット 030
描画モード 206

ふ
フォント 235
複製 186
不透明度 199, 208
不透明度のラバーバンド 197
ブラーイン 171
ブラー（滑らか） 184
ブラー（方向） 185
ブラックビデオ 254
プリセット 170, 297
プリセットブラウザー 308
フレーム 020
フレームを書き出し 306
プロジェクト 021, 023, 026
プロジェクト設定 040
プロジェクト全体を読み込み 062
プロジェクトを開く 028

へ
ベジェハンドル 156
別名で保存 023
ベベルエッジ 228

ほ
放射状シャドウ 229
ポスターフレームを設定 055
保存 023
ボリューム 274
ボリュームのラバーバンド 274

ま
マーカー設定画面 127
マーカーを追加 125
マスクの境界のぼかし 203
マスクの不透明度 203
マスクボタン 201
マスタートラックをノーマライズ 285
マット削除 224
マルチカメラ 132
マルチカメラソースシーケンスを作成 129
マルチカメラプレビューモニタを表示 132

み
ミュート 271

め
メタデータ 058
メディアブラウザー 033, 035
メディアをリンク 061
メモリメディア 036

も
文字ツール 222
文字の位置を変える 240, 241
文字の大きさを変える 241, 242
文字の角度を変える 243
モノクロ 180

よ
横書き文字ツール 232
読み込み 035

ら
ライン 247
ラバーバンド 162, 165, 168, 197
ラベル 050

り
リスト 052
リスト表示 052
リップル削除 107
リップルツール 111
リニア 159
リンク 265
リンク解除 264
リンク切れ 059

る
ルミナンスキー 216

れ
レイヤーファイルの読み込み 046
レーザーツール 109
レート調整ツール 163
レガシータイトル 230, 233, 235, 240, 241, 243, 267
レベル 274
レンズフレア 189
レンダーキュー 300, 304
連番ファイル 045

ろ
ローリングツール 112
ロール・クロールオプションボタン 250
ロールタイトル 249, 252
ロックの切り替え 099

わ
ワークスペース 012, 015, 017, 019, 026, 028

Premiere Pro
初級テクニックブック【第2版】

2018年1月19日　初版第1刷発行

著者　　　　石坂アツシ、笠原淳子
デザイン　　VAriant Design
編集・DTP　ピーチプレス株式会社

発行人　　上原哲郎
発行所　　株式会社ビー・エヌ・エヌ新社
〒150-0022 東京都渋谷区恵比寿南一丁目20番6号
FAX:03-5725-1511
E-mail:info@bnn.co.jp
www.bnn.co.jp

印刷・製本　シナノ印刷株式会社
ISBN 978-4-8025-1081-3
Printed in Japan
©2018 Atsushi Ishizaka, Junko Kasahara

●本書の一部または全部について個人で使用するほかは、著作権上、株式会社ビー・エヌ・エヌ新社および著作権者の承諾を得ずに無断
　で複写・複製することは禁じられております。
●本書の内容に関するお問い合わせは弊社Webサイトから、またはお名前とご連絡先を明記のうえE-mailにてご連絡ください。
●乱丁本・落丁本はお取り替えいたします。
●定価はカバーに記載されております。